智能制造应用型人才培养系列教程

工业机器人技术

工业机器人离线编程与仿真

FANUC机器人

江桂云 马廷洪 陈帅华 ◎ 主编

人民邮电出版社
北京

图书在版编目（CIP）数据

工业机器人离线编程与仿真 ：FANUC机器人 / 江桂云，马廷洪，陈帅华主编. -- 北京 ：人民邮电出版社，2022.1
智能制造应用型人才培养系列教程. 工业机器人技术
ISBN 978-7-115-57330-8

Ⅰ. ①工… Ⅱ. ①江… ②马… ③陈… Ⅲ. ①工业机器人－程序设计－高等学校－教材②工业机器人－计算机仿真－高等学校－教材 Ⅳ. ①TP242.2

中国版本图书馆CIP数据核字(2021)第183994号

内 容 提 要

本书从 FANUC 机器人离线编程与仿真的实际应用出发，由易到难，详细讲解 FANUC 机器人离线编程与仿真技术相关的基础知识和技术。本书共 5 章，分别为 ROBOGUIDE 概述、ROBOGUIDE 仿真工作站创建、ROBOGUIDE 特殊功能设置、项目实战——连续轨迹路径示教器编程仿真、项目实战——工业机器人数控加工单元仿真。通过学习本书前 3 章，读者可掌握 ROBOGUIDE 软件的安装、仿真工作站搭建、软件特殊设置等基础知识；通过对实际案例的学习，读者可对 FANUC 机器人离线编程与仿真技术有一个清晰、全面的认识。

本书图文并茂、通俗易懂，具有较强的实用性和可操作性，既可作为高校工业机器人技术相关专业的教材，也可作为工业机器人培训机构用书，还可供智能制造相关行业的技术人员参考。

◆ 主　　编　江桂云　马廷洪　陈帅华
　责任编辑　刘晓东
　责任印制　王　郁　彭志环
◆ 人民邮电出版社出版发行　　北京市丰台区成寿寺路 11 号
　邮编　100164　　电子邮件　315@ptpress.com.cn
　网址　https://www.ptpress.com.cn
　三河市中晟雅豪印务有限公司印刷
◆ 开本：787×1092　1/16
　印张：10　　2022 年 1 月第 1 版
　字数：177 千字　　2022 年 1 月河北第 1 次印刷

定价：42.00 元

读者服务热线：(010)81055256　印装质量热线：(010)81055316
反盗版热线：(010)81055315
广告经营许可证：京东市监广登字 20170147 号

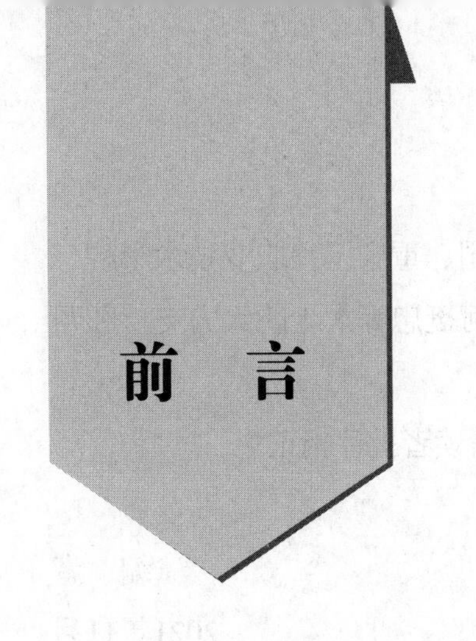

前　言

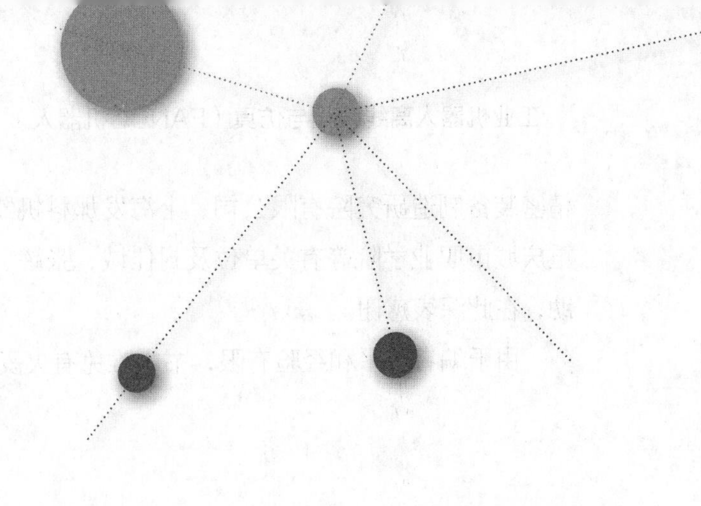

近年来，随着我国智能制造产业的发展，工业机器人应用技术已成为智能制造和工业自动化的关键技术之一。我国是全球机器人行业发展最快的国家之一。要想跟上未来工业发展，首要任务就是提高工业机器人应用技术的水平。在这样的背景下，编者编写了本书，旨在加强高校学生和工程技术人员的工业机器人编程技能与素养。

本书以FANUC机器人为对象，介绍工业机器人离线编程与仿真技术的相关基础知识和技术。全书共5章，系统地讲述FANUC机器人离线编程与仿真工具——ROBOGUIDE软件的基本功能、安装方法和基本操作等，详细介绍该软件各个模块及特殊功能的使用及设置方法，并通过标准的实际仿真案例，详细介绍FANUC机器人离线编程及仿真工作站创建流程。同时，为了让读者能够及时地检查自己的学习效果，掌握自己的课程学习进度，在每章后面均设置了丰富的练习题，并在书后附上了各章练习题的参考答案。

本书的参考学时为48～64学时，建议采用理论与实践相结合的教学模式。各章的参考学时见下面的学时分配表。

学时分配表

章	课程内容	学时
第 1 章	ROBOGUIDE 概述	2 ～ 4
第 2 章	ROBOGUIDE 仿真工作站创建	15 ～ 20
第 3 章	ROBOGUIDE 特殊功能设置	15 ～ 20
第 4 章	项目实战——连续轨迹路径示教器编程仿真	8 ～ 10
第 5 章	项目实战——工业机器人数控加工单元仿真	8 ～ 10
学时总计		48 ～ 64

本书由江桂云、马廷洪、陈帅华任主编。在编写过程中，编者得到了重庆西门雷森

精密装备制造研究院有限公司、上海发那科机器人有限公司、重庆工程职业技术学院、重庆城市职业学院等有关单位及封佳诚、张辉、岳海胜、何挺忠等人士的大力支持和帮助，在此深表感谢。

由于编者水平和经验有限，书中难免有欠妥之处，恳请读者批评指正。

编　者

2021年11月

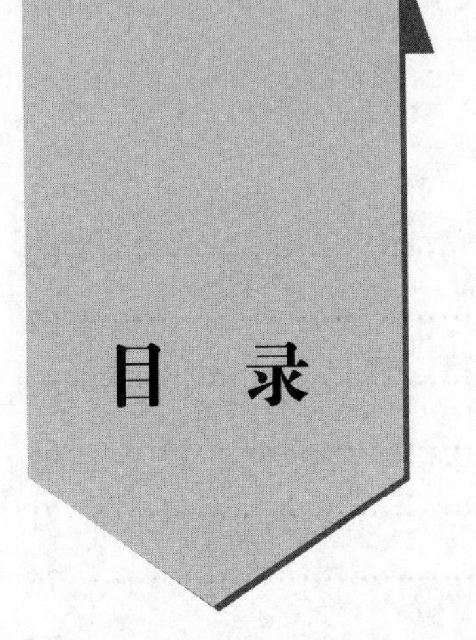

目 录

第1章 ROBOGUIDE概述

ROBOGUIDE是发那科（FANUC）公司开发的支持工业机器人系统布局设计和动作模拟仿真的软件，ROBOGUIDE软件界面如图1-1所示。该软件可以实现机器人集成系统方案的布局设计，机器人干涉性、可达性分析，以及系统节拍估算等，能够自动生成机器人离线程序，进行机器人故障诊断、程序设计优化、生产线操作模拟等。ROBOGUIDE软件能提供便捷的功能来支持程序和布局的设计。智能制造工程师可以在不使用真实机器人的情况下，使用ROBOGUIDE软件高效地进行机器人系统集成仿真，减少智能制造系统搭建时间，提高机器人应用系统集成效率，如图1-2所示。

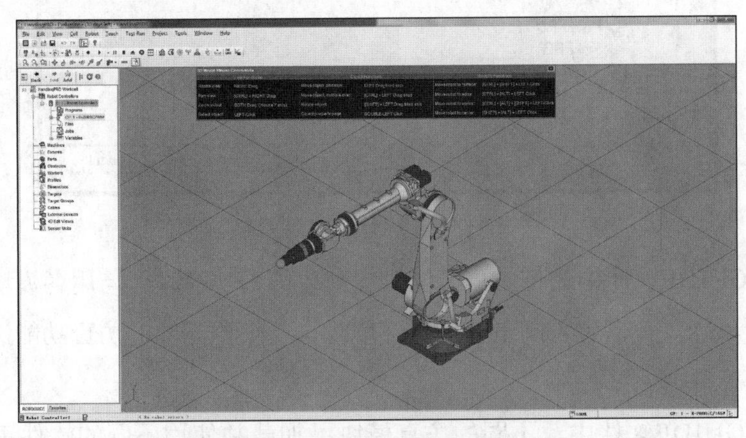

图1-1　ROBOGUIDE软件界面

图1-2　使用ROBOGUIDE软件进行机器人系统集成仿真

1.1 初识ROBOGUIDE

ROBOGUIDE软件主要通过功能模块和拓展插件共同实现工业机器人系统布局设计和动作模拟仿真。功能模块又包括常用仿真模块和其他模块两种。

1.1.1 常用仿真模块

ROBOGUIDE软件的常用仿真模块主要包括：去毛刺、倒角等工件加工仿真模块（ChamferingPRO），机床上下料、冲压、装配、注塑机等物料搬运仿真模块（HandlingPRO），焊接、激光切割等工艺仿真模块（WeldPRO），码垛仿真模块（PalletPRO）和喷涂仿真模块（PaintPRO）等，如图1-3所示。

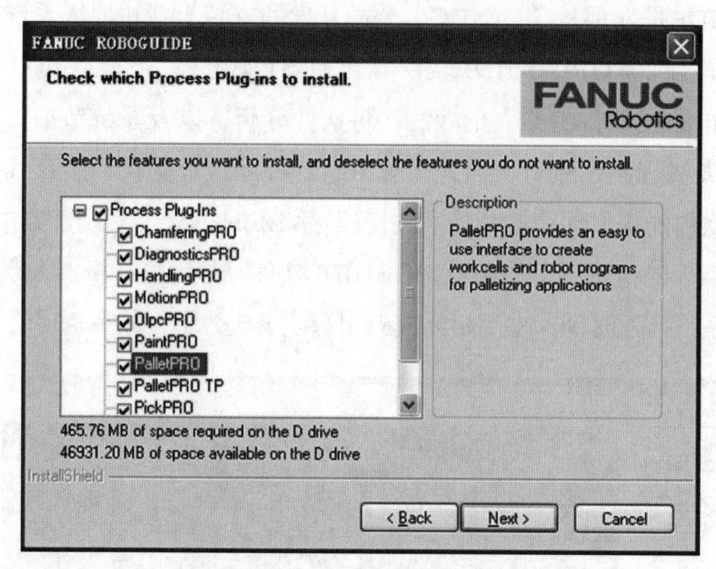

图1-3 选取特定的仿真模块

用ROBOGUIDE软件中的各仿真模块实现工艺仿真功能时，与用各模块相对应的软件工具包有所不同。在搭建不同工艺仿真环境时，要根据需要的仿真功能选取特定的仿真模块。

在ROBOGUIDE软件中，不同的仿真模块可加载并使用不同的软件工具包，具体如下。

1. 工件加工仿真模块、物料搬运仿真模块

工件加工仿真模块、物料搬运仿真模块可加载并使用以下工具包。

（1）弧焊工具包（ArcTool）。

（2）搬运工具包（HandlingTool）。

（3）点焊工具包（SpotTool+）。

（4）MATE控制器点焊工具包（MATE SpotTool+）。

（5）MATE控制器弧焊工具包（LR ArcTool）。

（6）MATE控制器搬运工具包（LR HandlingTool）。

2. 工艺仿真模块

工艺仿真模块可加载并使用以下工具包。

（1）弧焊工具包（ArcTool）。

（2）搬运工具包（HandlingTool）。

（3）MATE控制器点焊工具包（MATE SpotTool+）。

（4）MATE控制器弧焊工具包（LR ArcTool）。

3. 码垛仿真模块

码垛仿真模块可加载并使用以下工具包。

（1）搬运工具包（HandlingTool）。

（2）MATE控制器点焊工具包（MATE SpotTool+）。

4. 喷涂仿真模块

喷涂仿真模块可加载并使用以下工具包。

（1）喷涂工具包（PaintTool）。

（2）MATE控制器点焊工具包（MATE SpotTool+）。

1.1.2　其他模块

除了以上的常用仿真模块之外，为了方便、快捷地创建并优化机器人程序，ROBOGUIDE软件还提供其他模块以方便用户使用。

ROBOGUIDE的其他模块及其常见功能如下。

（1）编辑模块，常用于创建图形文件，可将图形文件导入R-30iB真实机器人的4D图形TP中。

（2）入门模块（OlpcPRO），可进行TP程序、KAREL程序相关的编辑。

（3）运动优化模块，可分析机器人的运动数据，还可根据需求优化TP程序。

（4）诊断模块（DiagnosticsPRO），可对机器人进行运动报警或者伺服报警诊断，还可以对机器人进行预防性诊断。

（5）拾取模块，可生成高速视觉拾取程序，以及进行高速视觉跟踪仿真。

（6）码垛TP程序版模块（PalletPRO TP），可生成码垛程序，以及进行码垛仿真。

1.1.3　拓展插件

ROBOGUIDE软件为了拓展应用，还提供了一些插件，如能源消耗评估、寿命评估、负荷评估、自动摆放、协同运动、运动诊断、喷涂膜厚、视觉模拟、直线跟踪、系统监控、4D编辑等插件，如图1-4所示。下面对部分插件功能进行说明。

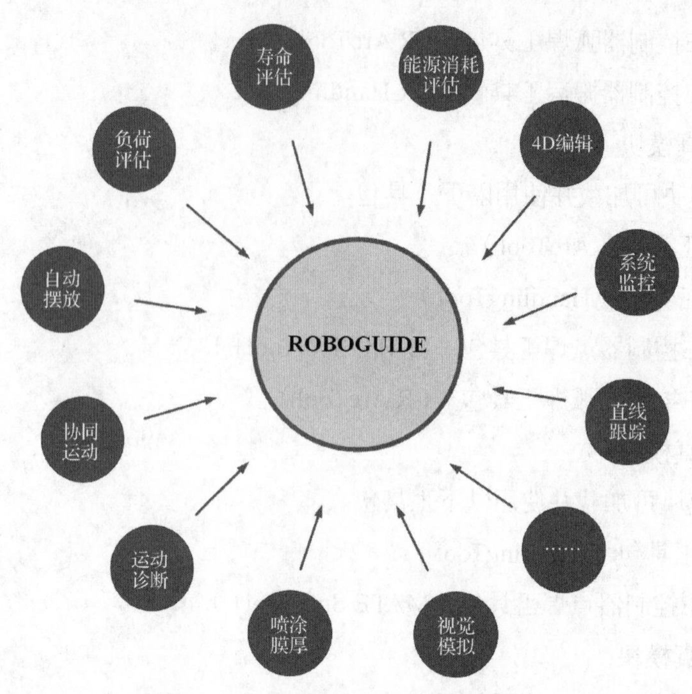

图1-4　ROBOGUIDE软件提供的插件

（1）直线跟踪（Line Tracking）插件。在ROBOGUIDE中安装直线跟踪插件后，机器人可以自动补偿工件随导轨的运动，将绝对运动的工件当作相对静止的物体，可以实现在不停止装配流水线的前提下，对流水线上的工件进行相应的操作。

（2）协同运动（Coordinated Motion）插件。在ROBOGUIDE中安装协调运动插件后，机器人与外部轴做协调运动，以合适的焊接姿态来提高焊接质量。

（3）喷涂膜厚（Spray Simulation）插件。通过喷涂膜厚插件，我们可以根据实际情况，建立喷枪模型，然后在ROBOGUIDE中模拟喷涂效果，查看膜厚的分布情况。

（4）能源消耗评估（Energy Assessment）插件。能源消耗评估插件可在给定的节拍内优化程序使能源消耗最少，也可在给定的能源消耗范围内优化程序使节拍最短。

（5）寿命评估（Life Evalution）插件。寿命评估插件可以在给定的节拍内优化程序使减速机寿命达到最长，也可以在给定的减速机寿命内优化程序使节拍最短。

1.2　ROBOGUIDE软件安装及工作单元创建

在ROBOGUIDE软件安装过程中，计算机硬件配置参考安装向导文件中的硬件配置要求，软件安装和设置参考安装向导进行操作。

1.2.1　ROBOGUIDE软件安装

在ROBOGUIDE软件安装过程中，一般要求计算机CPU为Intel酷睿i5以上，显卡为NVIDIA GeForce GT650独立显卡（2 GB）以上，硬盘空间剩余30 GB以上，显示器分辨率为1920像素×1080像素以上。在安装软件前，需要关闭计算机防火墙和杀毒软件，避免计算机防护系统自动删除ROBOGUIDE的相关插件组件，造成整个软件安装失败。

打开软件存储目录下的文件夹ROBOGUIDE V8.3，双击该文件夹下的setup.exe文件，进入安装向导，ROBOGUIDE安装程序文件如图1-5（a）所示，安装向导文件如图1-5（b）所示。

License_Agreement_jpn.txt	2014/4/30 10:40	文本文档	2 KB
patch.ini	2012/12/7 7:13	配置设置	3 KB
readme.txt	2014/5/27 6:52	文本文档	14 KB
readmeja.txt	2014/4/30 10:40	文本文档	6 KB
resourceja.ini	2012/1/10 10:58	配置设置	3 KB
ROBOGUIDE_ReleaseNote_eng.txt	2014/4/30 10:40	文本文档	2 KB
ROBOGUIDE_ReleaseNote_jpn.txt	2014/4/30 10:40	文本文档	3 KB
setup.exe	2003/11/10 18:55	应用程序	115 KB
setup.ibt	2014/6/3 17:57	IBT 文件	367 KB
setup.ini	2014/6/3 17:57	配置设置	1 KB
setup.inx	2014/6/3 17:57	INX 文件	332 KB

（a）

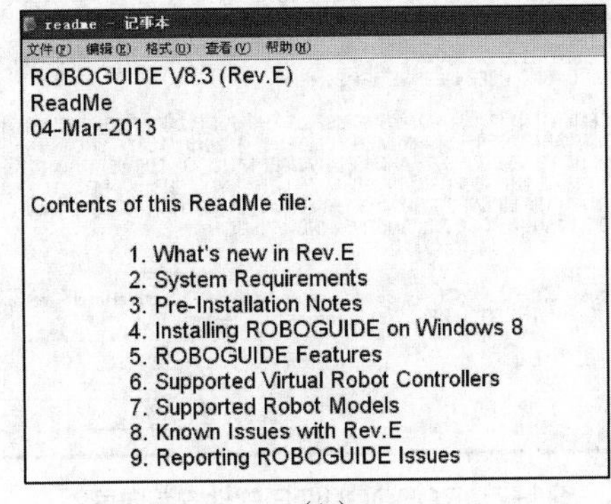

readme - 记事本

文件(F) 编辑(E) 格式(O) 查看(V) 帮助(H)

ROBOGUIDE V8.3 (Rev.E)
ReadMe
04-Mar-2013

Contents of this ReadMe file:

1. What's new in Rev.E
2. System Requirements
3. Pre-Installation Notes
4. Installing ROBOGUIDE on Windows 8
5. ROBOGUIDE Features
6. Supported Virtual Robot Controllers
7. Supported Robot Models
8. Known Issues with Rev.E
9. Reporting ROBOGUIDE Issues

（b）

图1-5 ROBOGUIDE软件安装程序文件和安装向导文件

安装向导文件是对该版本的仿真软件新添功能、计算机系统要求、软件安装注意事项等内容的说明，在安装软件时可将其作为参考。

软件所需必要组件自动安装完毕后，会出现图1-6所示界面，单击下一步【Next】按钮，进入下一个设置界面，单击确认【Yes】按钮，如图1-7所示。

选择好软件的安装路径后，单击下一步【Next】按钮，如图1-8所示。

选择好所需的工艺模块，单击下一步【Next】按钮，如图1-9所示。

选择好所需的应用程序，单击下一步【Next】按钮，如图1-10所示。

为了方便程序的操作，可以将软件直接设置为桌面快捷方式，单击下一步【Next】按钮，如图1-11所示。

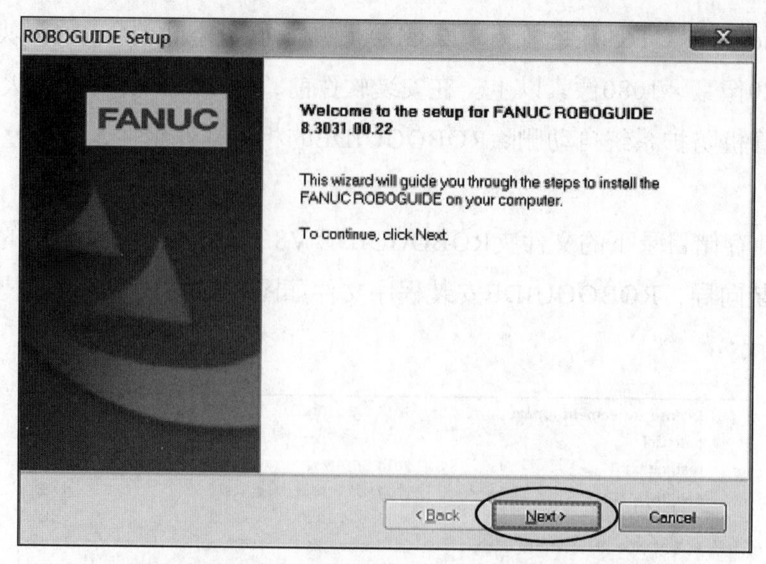

图1-6　ROBOGUIDE 软件安装向导1

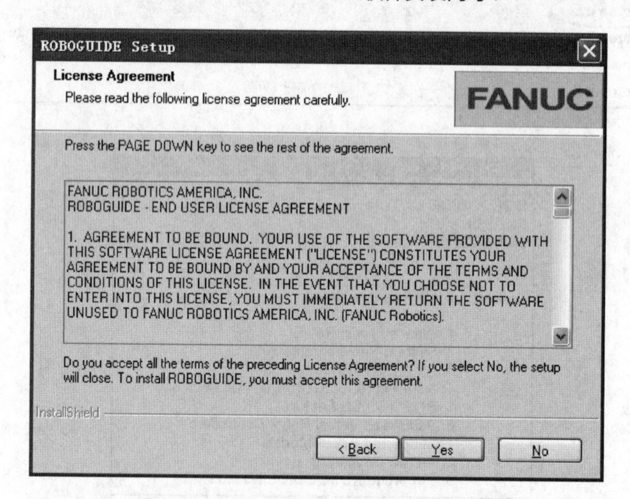

图1-7　ROBOGUIDE 软件安装向导2

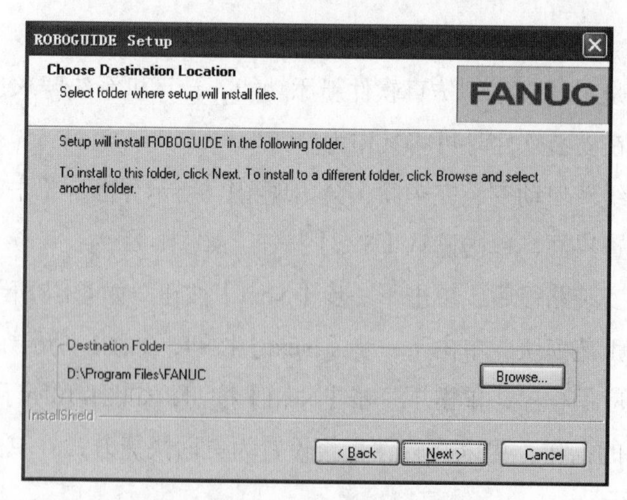

图1-8　ROBOGUIDE软件安装向导3

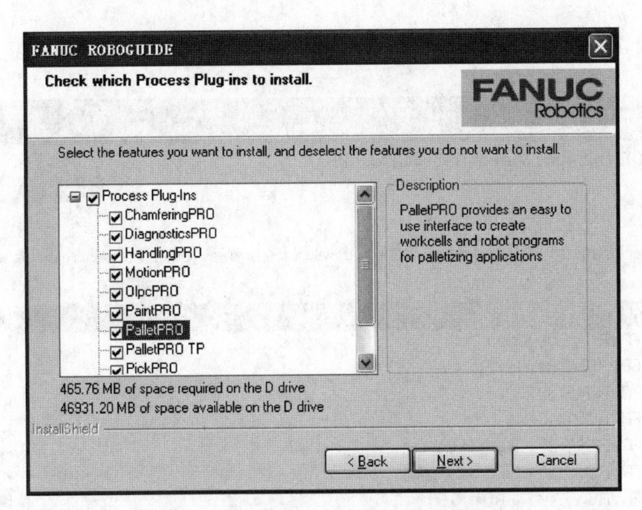

图1-9　ROBOGUIDE 软件安装向导4

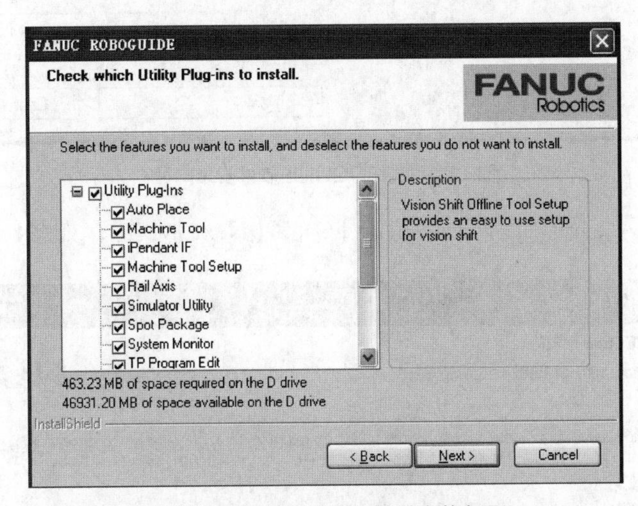

图1-10　ROBOGUIDE 软件安装向导5

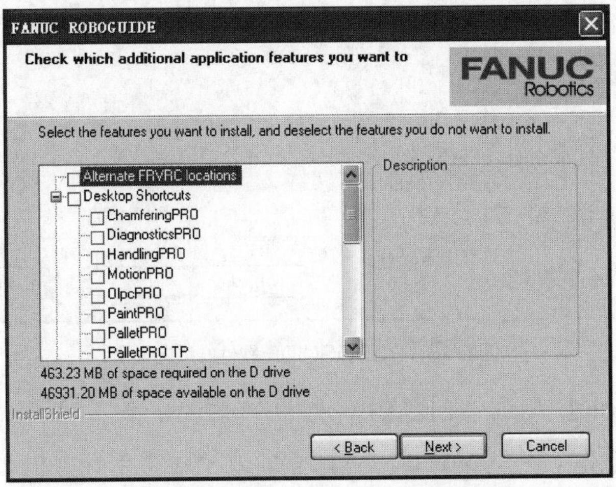

图1-11　ROBOGUIDE软件安装向导6

选择好相应版本软件，单击下一步【Next】按钮，如图1-12所示。

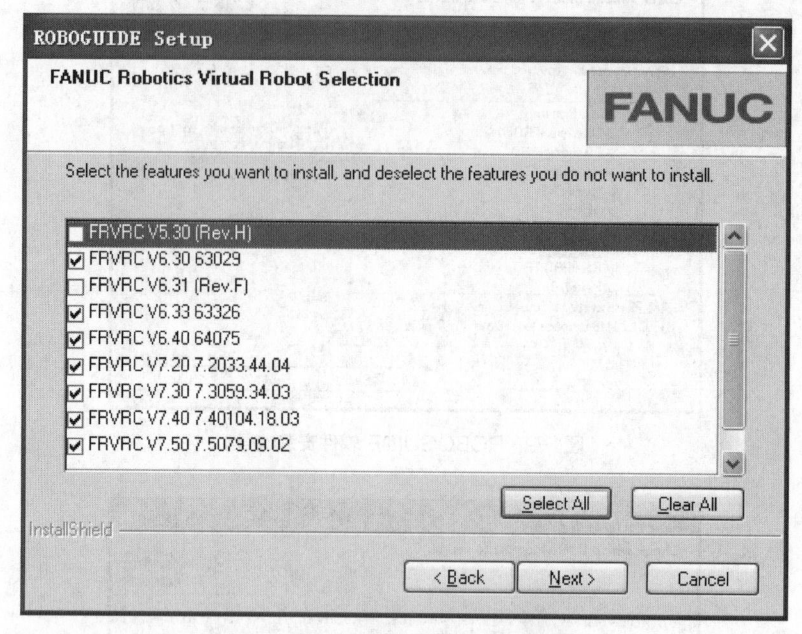

图1-12　ROBOGUIDE软件安装向导7

查看之前的选项，确认无误后，单击下一步【Next】按钮，如图1-13所示。

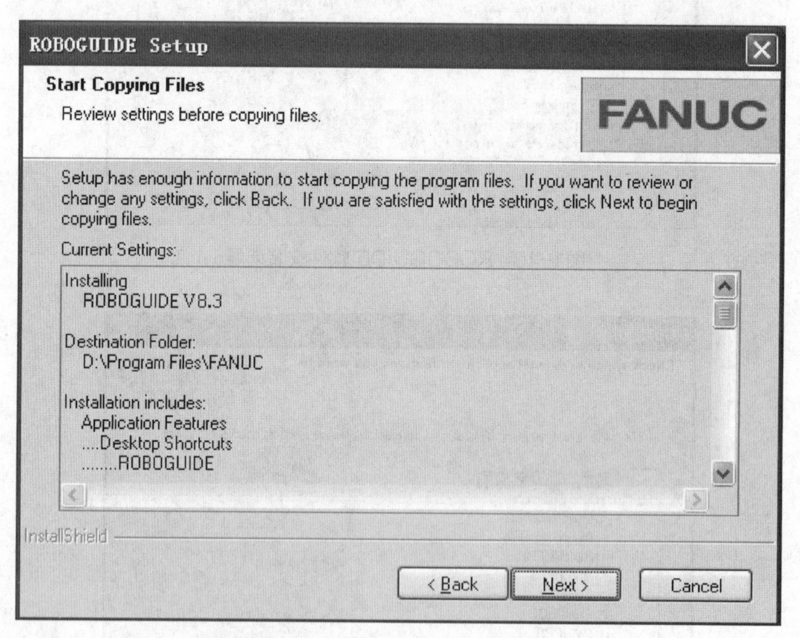

图1-13　ROBOGUIDE 软件安装向导8

单击完成【Finish】按钮，安装结束，如图1-14所示。

ROBOGUIDE软件安装完成后，可选择立即或稍后重启计算机，如图1-15所示，计算机重启后，即可使用ROBOGUIDE。

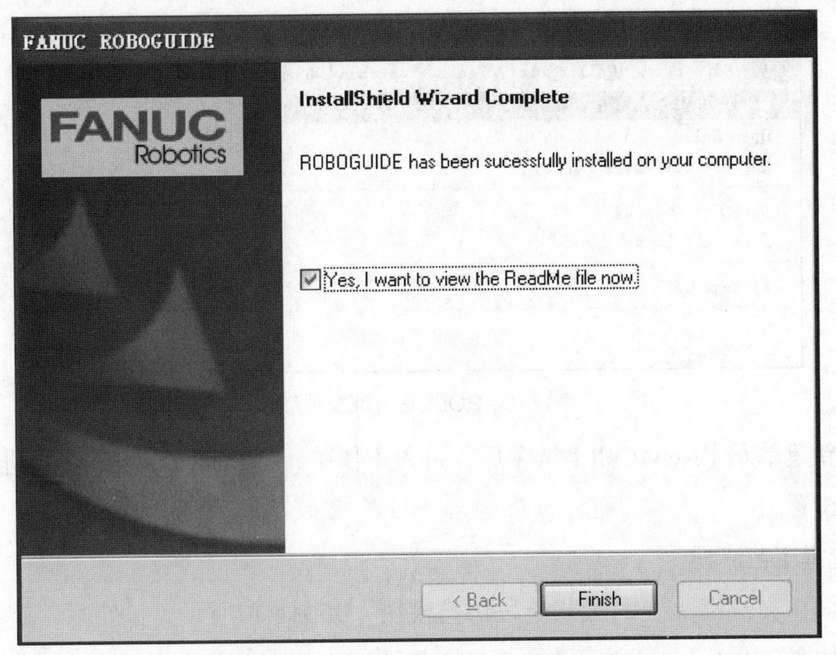

图1-14　ROBOGUIDE 软件安装向导9

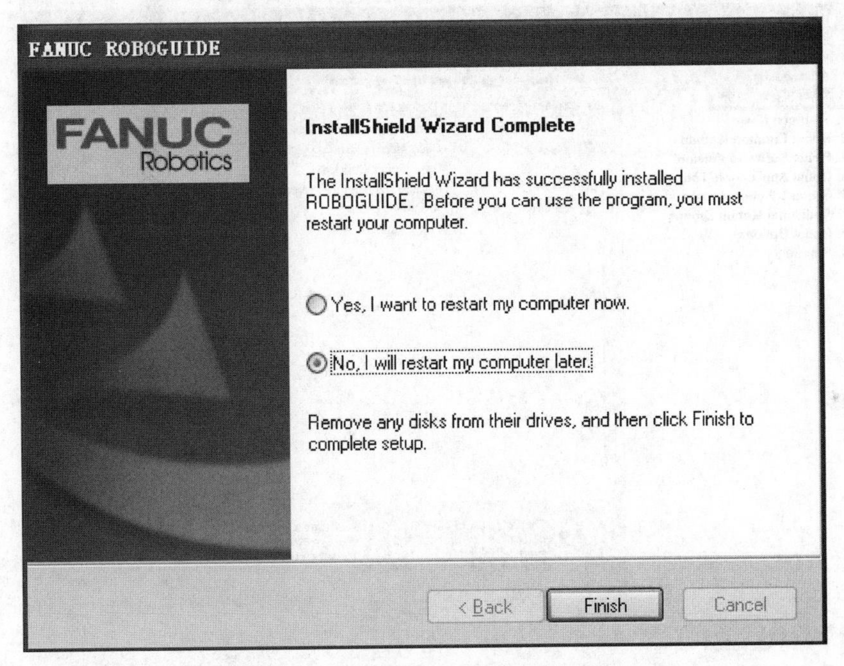

图1-15　ROBOGUIDE 软件安装向导10

1.2.2　创建工作单元

安装完毕后，可打开ROBOGUIDE软件创建新的工作单元。此时，先打开ROBOGUIDE软件，然后单击工具栏上的【新建】按钮，或单击文件【File】菜单，选择新建单元【New Cell】选项，如图1-16所示。

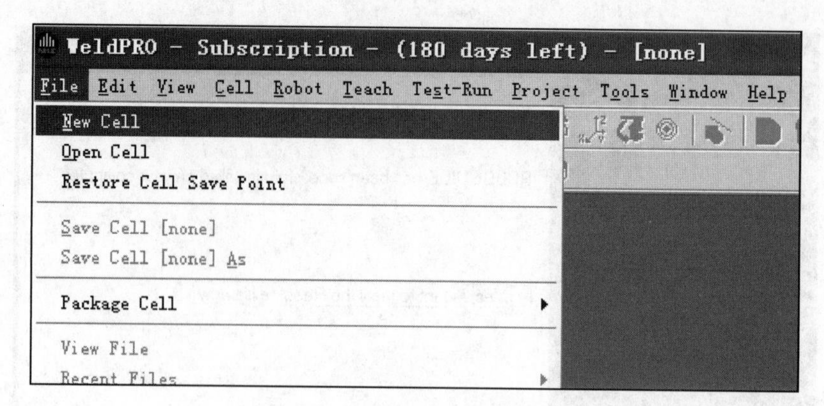

图1-16　ROBOGUIDE文件菜单

单击新建单元【New Cell】选项后，进入工作单元创建向导，按照步骤进行工作单元的参数设置。

1. 选择工艺流程

在界面中，选择需要的工艺流程仿真模块，如图1-17所示，确定后，单击下一步【Next】按钮，进入下一个界面。

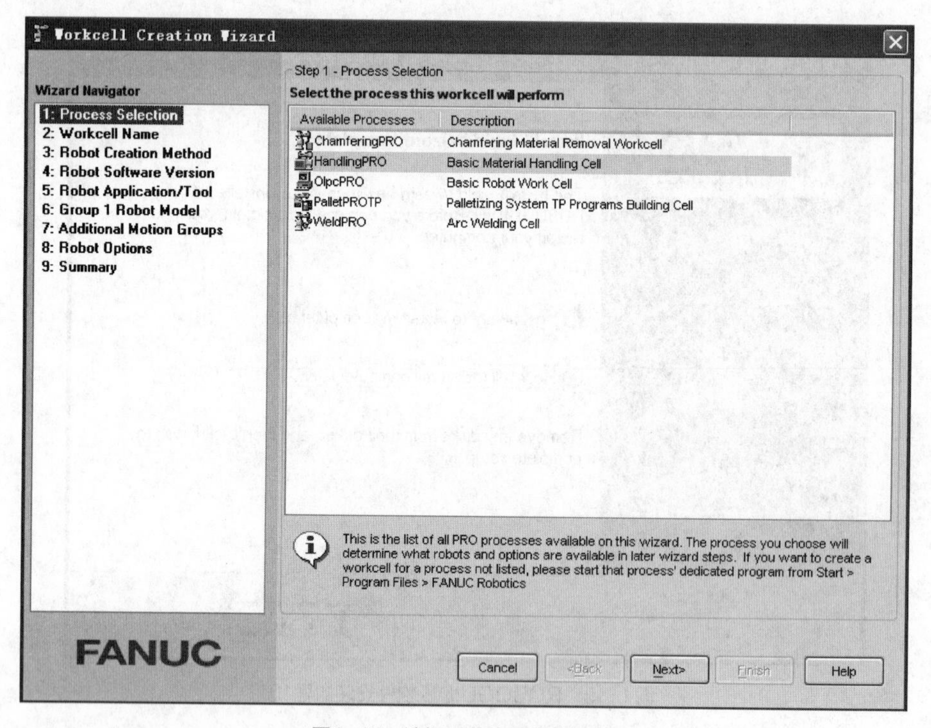

图1-17　选择工艺流程仿真模块

2. 命名工作单元

命名工作单元即在命名【Name】文本框中输入工作单元名称，也可以用默认的名称，如图1-18所示。命名工作单元完成后，单击下一步【Next】按钮，进入下一个界面。

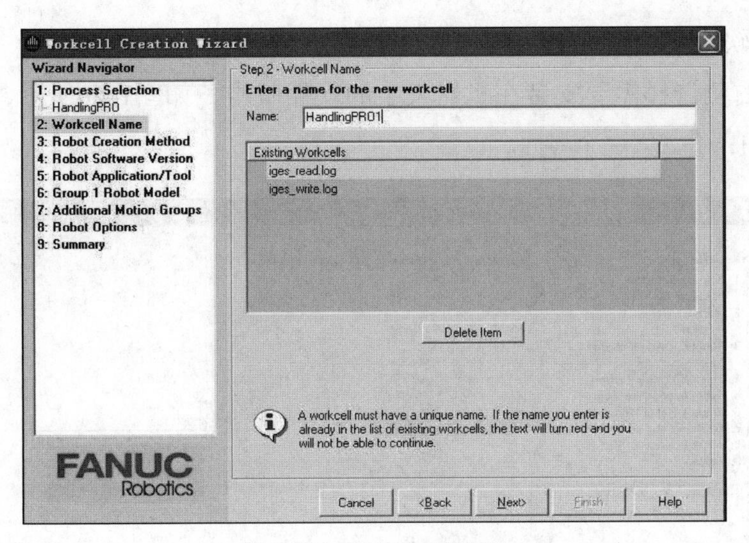

图1-18　输入工作单元名称

3. 新建机器人

ROBOGUIDE软件新建机器人一般采用4种方法。

（1）根据默认配置新建，选择【Creat a new robot with the default HandingPRO config.】选项。

（2）根据上次使用的配置新建，选择【Creat a new robot with the last used HandingPRO config.】选项。

（3）根据机器人备份新建，选择【Creat a robot from a file backup.】选项。

（4）根据已有机器人的副本新建，选择【Creat an exact copy of an existing robot.】选项。

一般情况下，选用第一种方法创建一个新的机器人，如图1-19所示。单击下一步【Next】按钮，进入下一个界面。

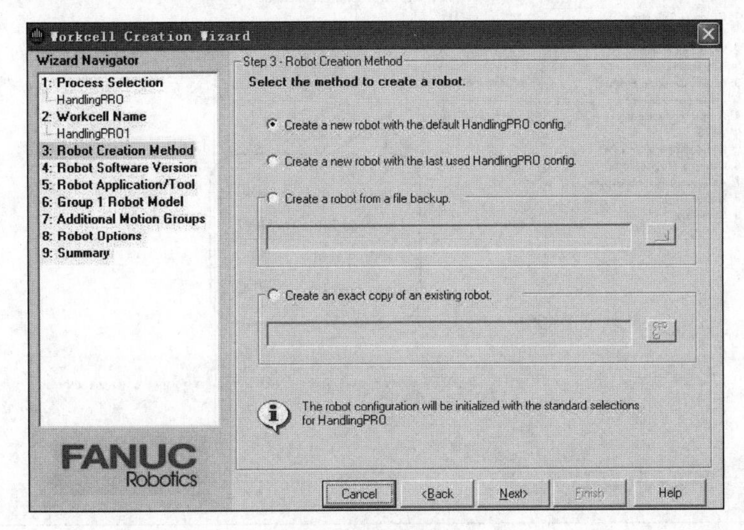

图1-19　新建机器人

4. 选择软件版本

在界面右侧选择需要安装在机器人上的软件版本，如图1-20所示，单击下一步【Next】按钮，进入下一个界面。

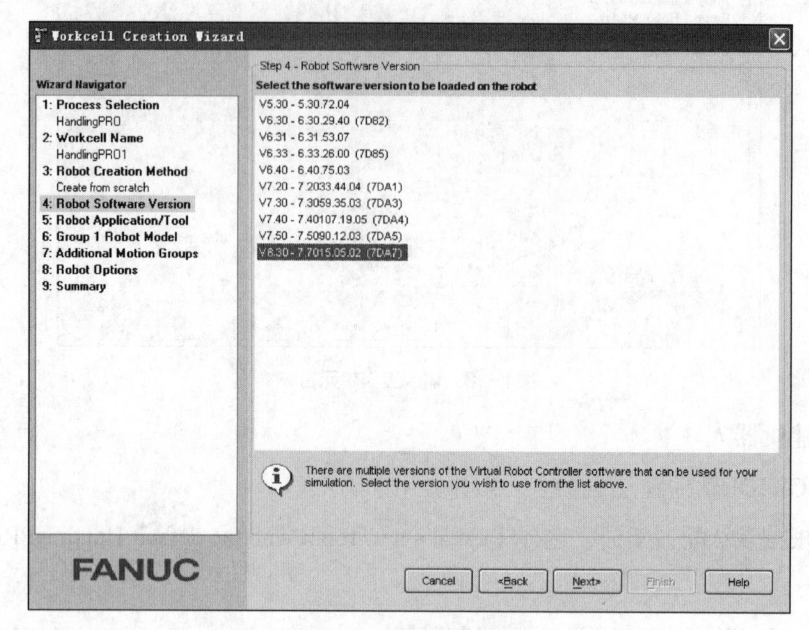

图1-20 选择软件版本

5. 选择机器人应用/工具

根据工艺流程仿真模块需要选择合适的机器人应用/工具，单击下一步【Next】按钮，进入下一个界面，如图1-21所示。

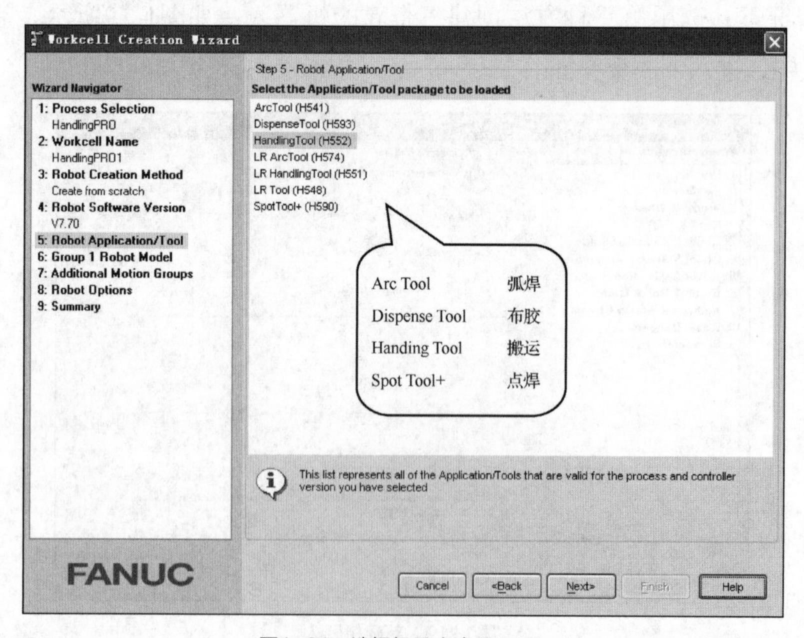

图1-21 选择机器人应用/工具

6. 选择机器人模型（Group 1）

选择工艺流程仿真模块所用的机器人模型，如图1-22所示。ROBOGUIDE软件几乎包含了所有的FANUC机器人模型，如果选型错误，可以在创建之后更改。确认选择后，单击下一步【Next】按钮，进入下一个界面。

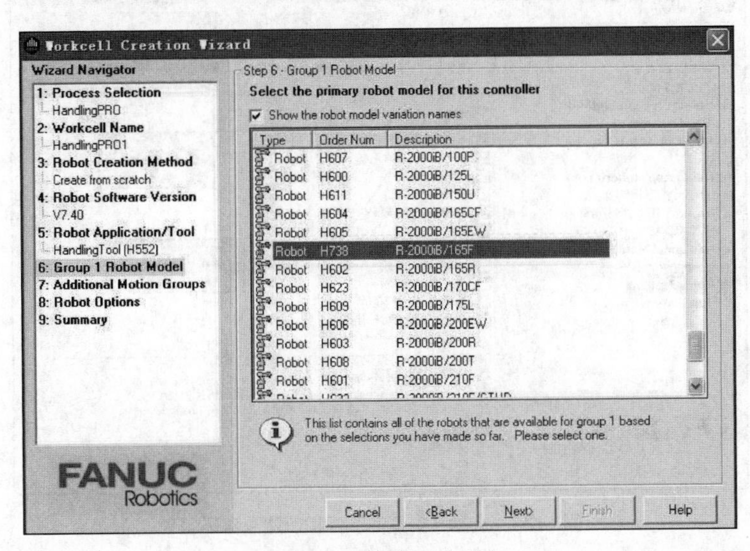

图1-22　选择机器人模型

7. 添加额外机器人及运动组设备

在附加运动组中可以添加额外的机器人，也可在建立工作单元之后添加额外的机器人，还可添加组2～8（Group 2～8）的设备，如伺服枪、变位机等，如图1-23所示。单击下一步【Next】按钮，进入下一个界面。

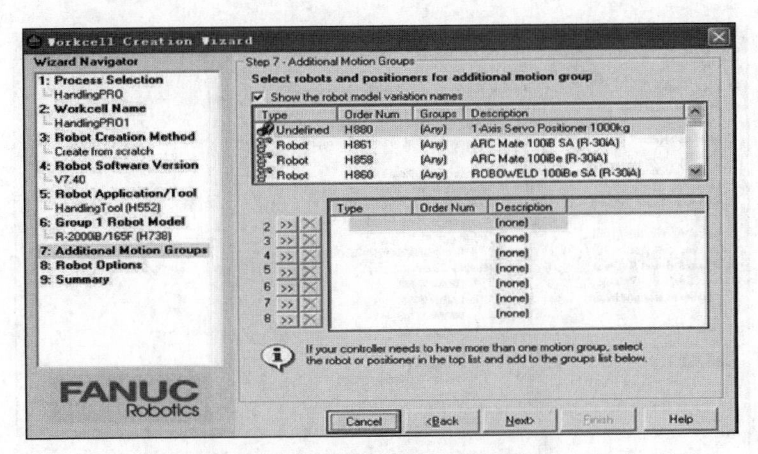

图1-23　添加额外机器人及运动组设备

8. 选择各类其他软件和设置语言环境

在机器人选项界面中可以选择各类其他软件，将它们用于仿真，其中包括许多常用的附加软件，如2D、3D视觉应用和附加轴等，都可以在这里添加。还可以切换到语言

【Languages】选项卡里设置语言环境，系统默认为英语，还可选择中文、日语等，如图1-24所示。选择高级【Advanced】选项卡，可进行内存容量、仿真用标准I/O设置等。单击下一步【Next】按钮，进入下一个界面。

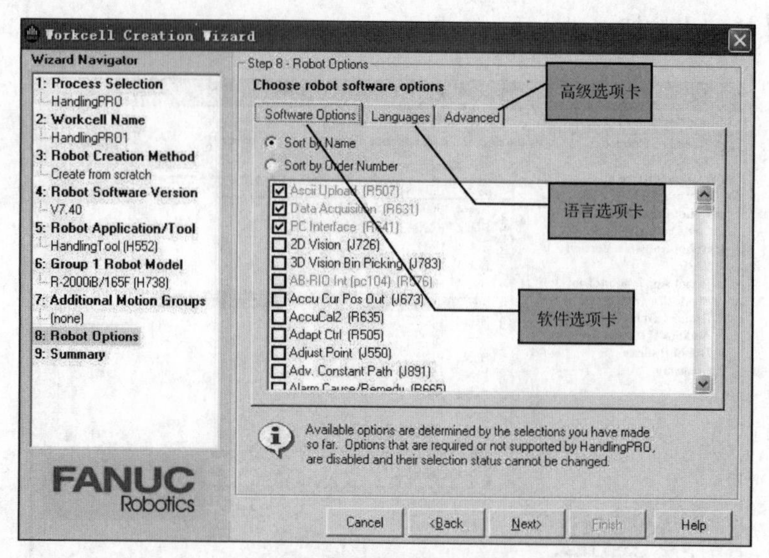

图1-24　选择各类其他软件和设置语言环境

9. 查看目录

这步将列出之前所有参数设置选择的内容，是一个总的目录，如图1-25所示。如果确定选择的内容无误，单击完成【Finish】按钮；如果需要修改选择的内容，单击返回【Back】按钮，按照之前的步骤进行进一步的参数修改。确认后，单击完成【Finish】按钮，完成工作环境的建立。

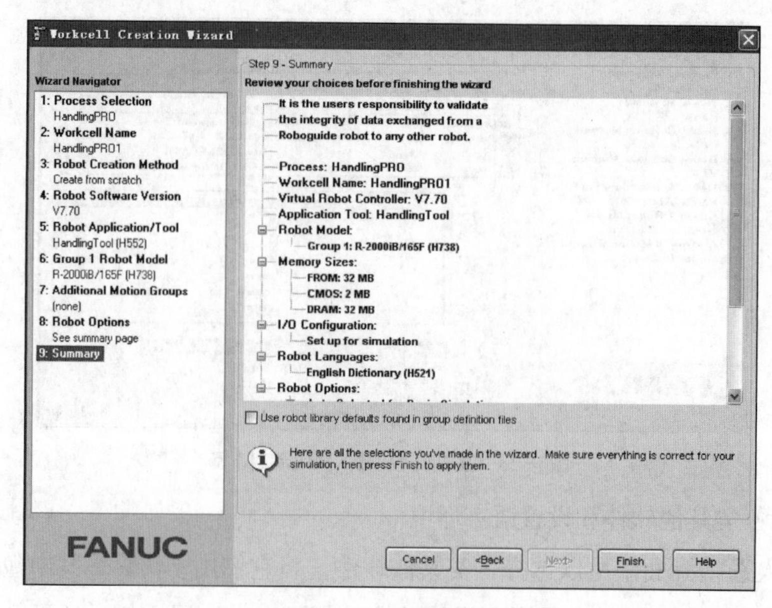

图1-25　查看目录

1.3 ROBOGUIDE应用

ROBOGUIDE软件的应用包括模型窗口的操作、改变模型位置操作和机器人运动操作等。读者可以在熟悉ROBOGUIDE软件界面的基础上，通过熟悉ROBOGUIDE软件基本操作实现对软件的常用功能的熟悉。

1.3.1 ROBOGUIDE工作环境界面

当工作单元建立完成后，系统会进入ROBOGUIDE软件的工作环境，ROBOGUIDE软件工作环境界面分为菜单栏、工具栏等，如图1-26所示。

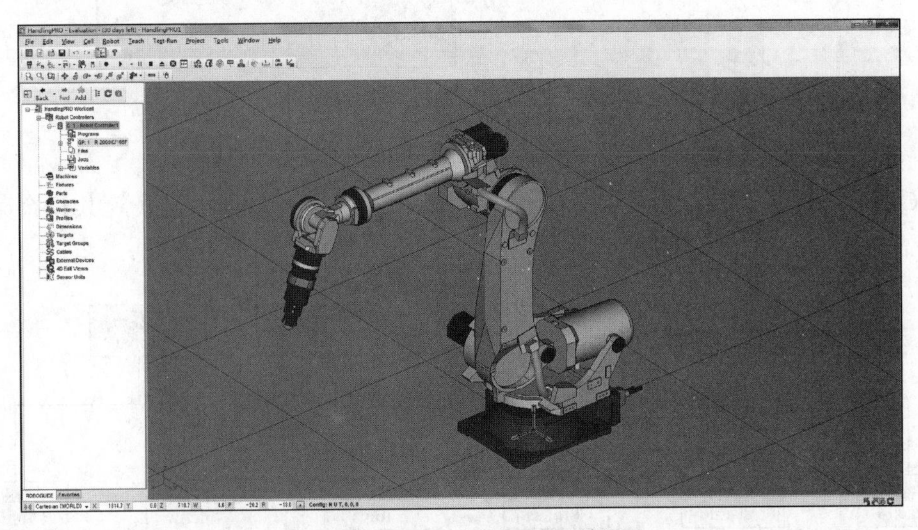

图1-26 ROBOGUIDE工作环境界面

ROBOGUIDE软件工作环境界面的正上方为标题栏，用于显示当前工程文件名称，其下方为菜单栏，包括文件、编辑、视图、窗口、帮助等菜单。菜单栏几乎涵盖了ROBOGUIDE软件所有的功能选项。菜单栏下方设有工具栏，包括常用工具选项，其工具图标非常形象，可提高工具的辨识度，提高软件操作效率。视图窗口以3D视图形式展现，用户可在窗口中完成仿真工作站的创建。视图窗口默认存在的导航目录【Cell Browser】窗口，可设置打开或关闭。导航目录能对工程文件进行模块划分，分为模型、坐标系、程序、日志等。工程文件整体以结构树形式展示，各个模块可在其中直接打开。

图1-26中为创建工作单元时选择的机器人，单击机器人后，机器人底座上会出现绿色的坐标系，此坐标系原点为机器人模型的原点，也为工作环境原点。机器人下方的底板默认尺寸为20m × 20m，每个小方格尺寸为1m × 1m。如果需要修改这些参数，可以通过选择单元【Cell】→工作单元属性【Workcell Properties】选项，在图1-27所示界面中选择【Chui World】选项卡，设置底板的范围、颜色，以及小方格的尺寸和方格线颜色。

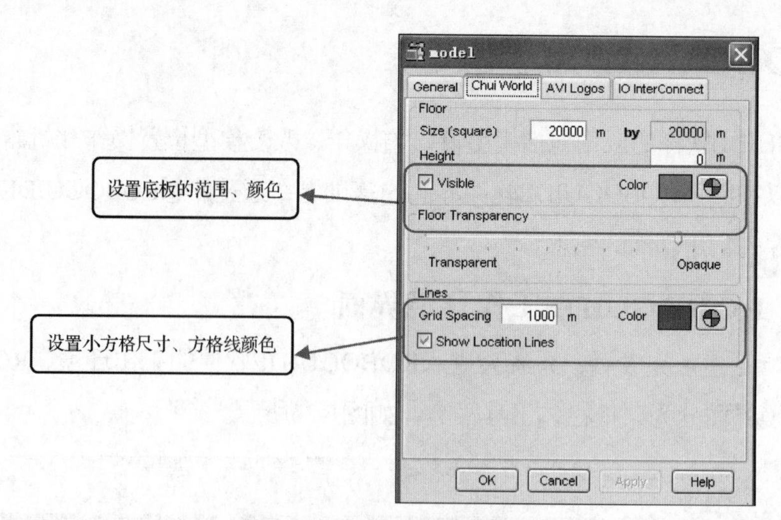

图1-27　设置底板的相关参数

1. 菜单栏

ROBOGUIDE菜单栏主要包括文件、编辑、视图、元素和机器人等共11个菜单选项，其中英文名称如图1-28所示。

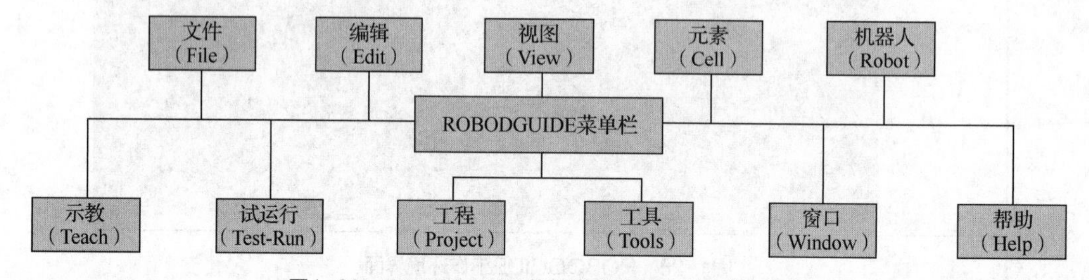

图1-28　ROBOGUIDE菜单栏的菜单选项中英文名称

（1）文件菜单。文件菜单中的选项主要对整体工程文件进行操作，包括文件的新建、打开、保存、备份等，文件【File】菜单如图1-29所示。

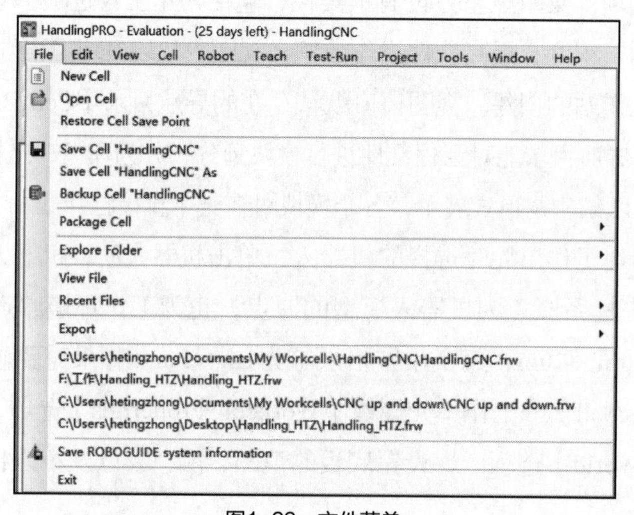

图1-29　文件菜单

文件菜单主要选项的含义如表1-1所示。

表 1-1　文件菜单主要选项的含义

选项	含义
New Cell	新建工程文件
Open Cell	打开已有工程文件
Restore Cell Save Point	将工程文件恢复到上一次保存时的状态
Save Cell···	保存工程文件
Save Cell···As	另存工程文件（选择的存储路径必须与原工程文件的不同）
Backup Cell···	备份生成一个 RGX 压缩文件到默认的备份目录
Package Cell	压缩生成一个 RGX 压缩文件到任意目录
View File	查看当前打开的工程文件夹目录下的其他文件
Recent Files	最近打开过的工程文件
Exit	退出

（2）编辑菜单。编辑菜单中的选项主要对工程文件内模型进行编辑，以及撤销或恢复撤销已经进行的操作，编辑【Edit】菜单如图1-30所示。

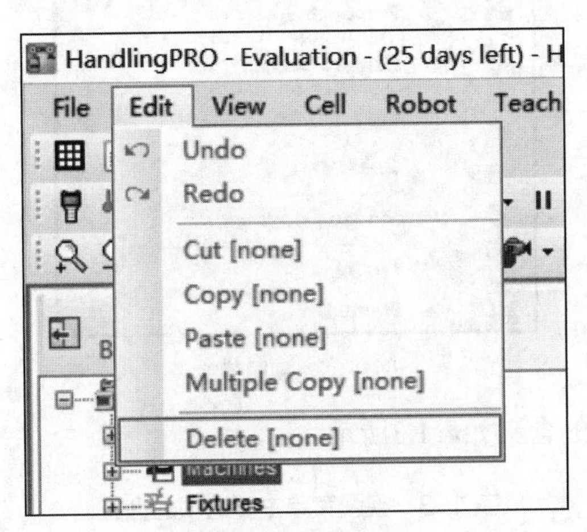

图1-30　编辑菜单

编辑菜单主要选项的含义如表1-2所示。

表 1-2　编辑菜单主要选项的含义

选项	含义
Undo	撤销上一步操作
Redo	恢复撤销的操作
Cut	剪切工程文件中的模型
Copy	复制工程文件中的模型

续表

选项	含义
Paste	粘贴工程文件中的模型
Delete	删除工程文件中的模型

（3）视图菜单。视图菜单中的选项主要对软件的三维窗口显示状态进行操作，视图【View】菜单如图1-31所示。

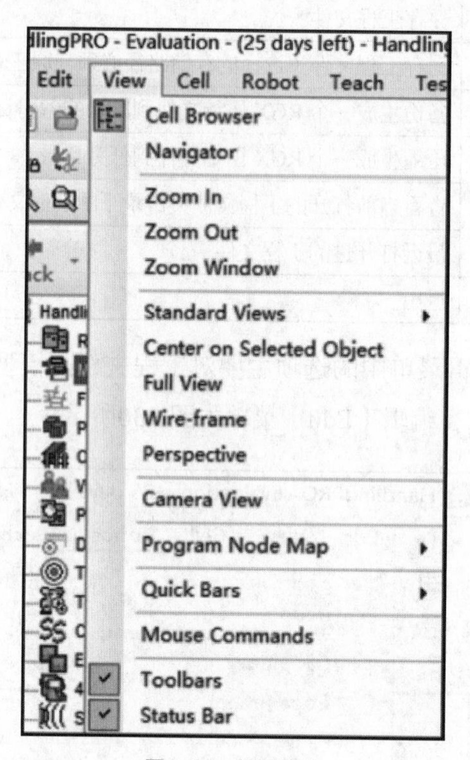

图1-31 视图菜单

视图菜单主要选项的含义如表1-3所示。

表 1-3 视图菜单主要选项的含义

选项	含义
Cell Browser	导航目录（用于将工程文件组成元素一览窗口显示，包括控制系统、机器人、组成模型、程序及其他仿真元素）
Navigator	操作向导窗口显示（为软件设置向导功能，辅助初学者完成仿真操作）
Zoom In	视图场景放大显示
Zoom Out	视图场景缩小显示
Zoom Window	视图场景局部放大显示
Standard Views	视图场景正交显示（可显示除了仰视图以外的所有正视图）
Center on Selected Object	选定显示中心

（4）元素菜单。元素菜单中的选项主要对工程文件内部模型进行编辑，如设置工程文件界面属性、添加外部设备模型和组件等，元素【Cell】菜单如图1-32所示。

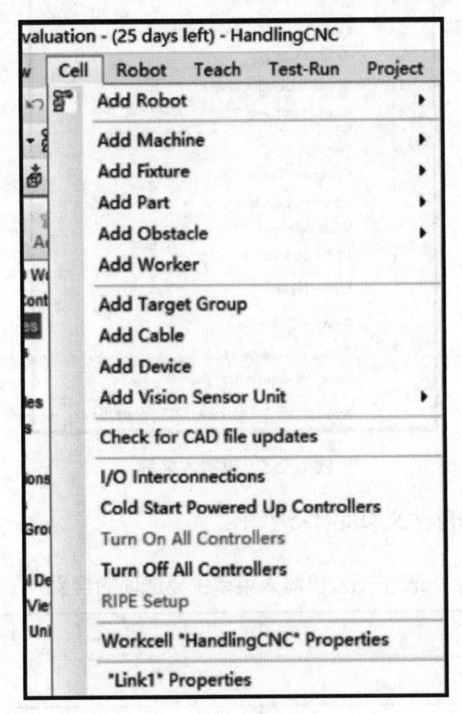

图1-32　元素菜单

元素菜单主要选项的含义如表1-4所示。

表 1-4　元素菜单主要选项的含义

选项	含义
Add Robot/Machine/Fixture/Part/Obstacle/Worker/Target Group/Cable/Device	添加各种外部设备模型（来构建仿真工作站），包括机器人、工件、工装、外部电机等
Add Vision Sensor Unit	添加视觉传感器单元
Check for CAD file updates	检查 CAD 文件升级控制器
I/O Interconnections	I/O 互连
Cold Start Powered Up Controllers	冷启动控制
Workcell... Properties	调整工程文件中视图窗口中部分内容的显示状态（如平面格栅样式等）

（5）机器人菜单。机器人菜单中的选项主要对机器人的控制系统进行操作，机器人【Robot】菜单如图1-33所示。

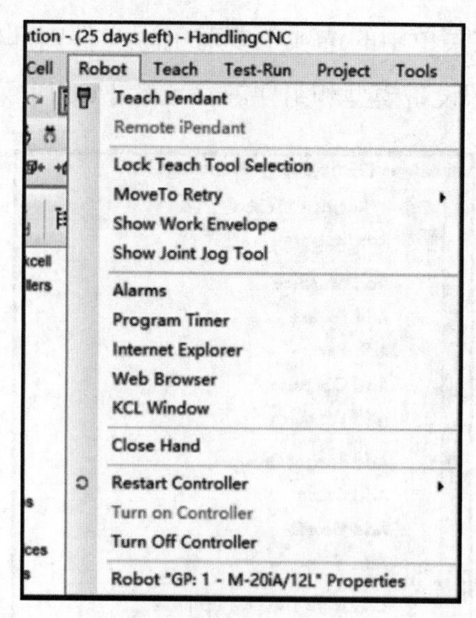

图1-33　机器人菜单

机器人菜单主要选项的含义如表1-5所示。

表 1-5　机器人菜单主要选项的含义

选项	含义
Teach Pendant	示教器
Remote iPendant	远程示教器
Lock Teach Tool Selection	锁定示教工具选择
MoveTo Retry	重试
Show Work Envelope	显示工作范围
Show Joint Jog Tool	显示联合点动工具
Alarms	警报器
Program Timer	程序计时器
Internet Explorer	IE 浏览器
Web Browser	网页
KCL Window	KCL 窗口
Close Hand	闭合夹爪
Restart Controller	重新启动控制器
Turn on Controller	开启控制器
Turn Off Controller	关闭控制器
Robot...Properties	机器人属性

（6）示教菜单。示教菜单中的选项主要对程序进行操作，示教【Teach】菜单如图1-34所示。

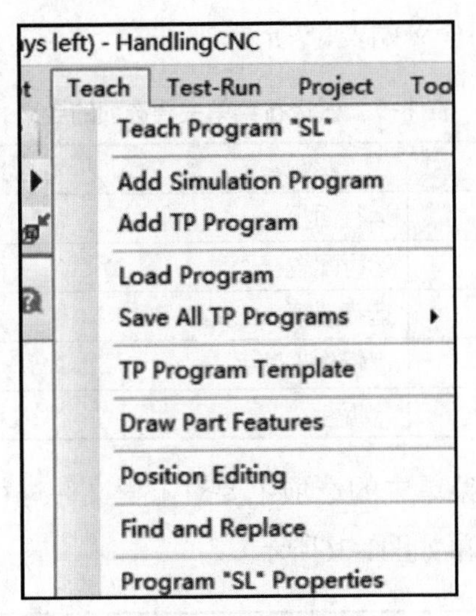

图1-34　示教菜单

示教菜单主要选项的含义如表1-6所示。

表 1-6　示教菜单主要选项的含义

选项	含义
Teach Program···	示教程序
Add Simulation Program	添加仿真程序
Add TP Program	添加 TP 程序
Load Program	加载程序
Save All TP Programs	保存所有 TP 程序
TP Program Template	TP 程序模板
Draw Part Features	绘制零件特征
Position Editing	位置编辑
Find and Replace	查找和替换
Program···Properties	程序属性

（7）试运行菜单。试运行菜单中的选项主要对程序进行操作，试运行【Test-Run】菜单如图1-35所示。

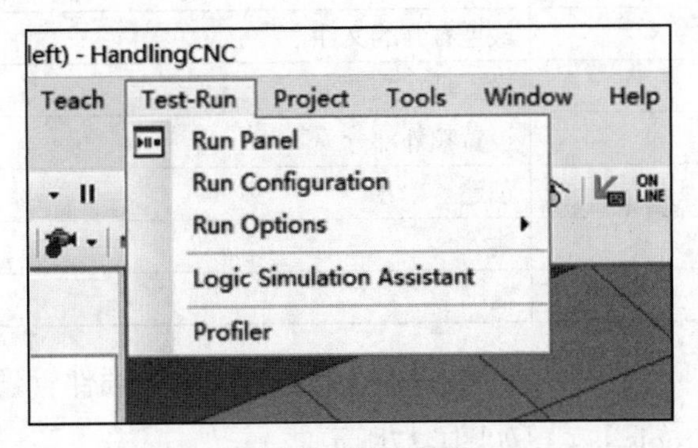

图1-35　试运行菜单

试运行菜单主要选项的含义如表1-7所示。

表 1-7　试运行菜单主要选项的含义

选项	含义
Run Panel	运行面板
Run Configuration	运行配置
Run Options	运行选项
Logic Simulation Assistant	逻辑仿真助手
Profiler	分析

（8）工程菜单。工程菜单中的选项主要对工程文件进行添加、新建、输入、输出等操作，工程【Project】菜单如图1-36所示。

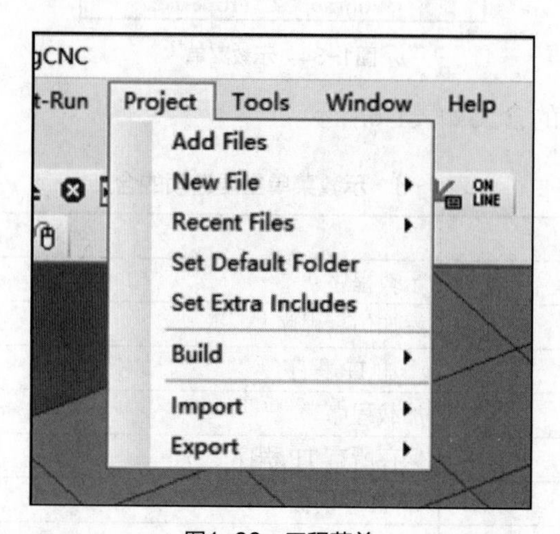

图1-36　工程菜单

工程菜单主要选项的含义如表1-8所示。

表 1-8　工程菜单主要选项的含义

选项	含义
Add Files	添加文件
New File	新建文件
Recent Files	最近打开的文件
Set Default Folder	设置默认文件夹
Set Extra Includes	设置额外部分
Build	创建
Import	输入
Export	输出

（9）工具菜单。工具菜单中的选项主要包括建模、插件管理、诊断、外部I/O连接、模拟等，工具【Tools】菜单如图1-37所示。

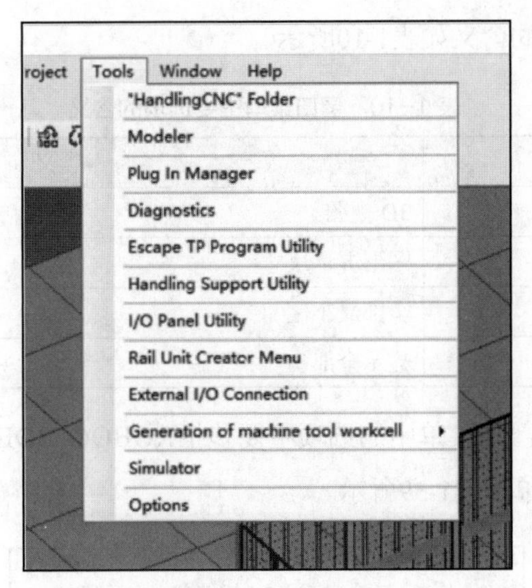

图1-37　工具菜单

工具菜单主要选项的含义如表1-9所示。

表 1-9　工具菜单主要选项的含义

选项	含义
Modeler	建模
Plug In Manager	插件管理
Diagnostics	诊断
I/O Panel Utility	I/O 面板公用程序
External I/O Connection	外部 I/O 连接
Simulator	模拟
Options	选项

（10）窗口菜单。窗口菜单中的选项主要对文件窗口显示的三维窗格、图形比例、显示风格等进行操作，窗口【Window】菜单如图1-38所示。

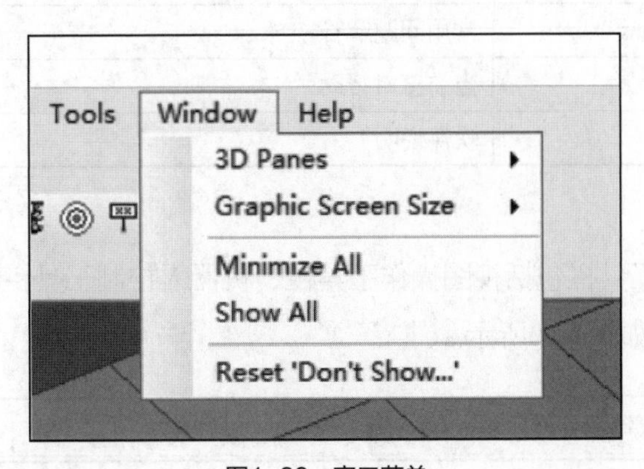

图1-38　窗口菜单

窗口菜单主要选项的含义如表1-10所示。

表 1-10 窗口菜单主要选项的含义

选项	含义
3D Panes	3D 视图
Graphic Screen Size	图形屏幕尺寸
Minimize All	全部最小化
Show All	显示全部

（11）帮助菜单。帮助菜单中的选项主要包括ROBOGUIDE使用说明、常用问题解答等，帮助【Help】菜单如图1-39所示。

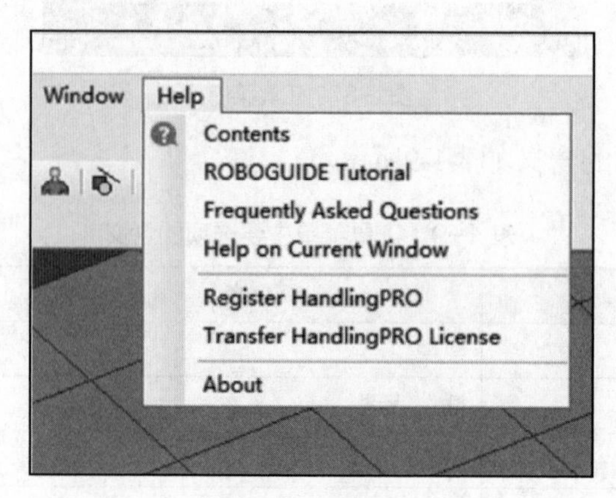

图1-39 帮助菜单

帮助菜单主要选项的含义如表1-11所示。

表 1-11 帮助菜单主要选项的含义

选项	含义
Contents	说明书目录
ROBOGUIDE Tutorial	ROBOGUIDE 使用说明
Frequently Asked Questions	常用问题解答
Help on Current Window	当前窗口帮助
About	软件说明

2. 工具栏

ROBOGUIDE的工具栏包括视图操作工具栏、机器人控制工具栏和程序运行工具栏。视图操作工具栏如图1-40所示。

图1-40 视图操作工具栏

主要介绍以下几种工具。

（1）放大工作环境（Zoom In 3D World），图标为。

（2）缩小工作环境（Zoom Out），图标为。

（3）局部放大工作环境（Zoom Window），图标为。

（4）所选对象中心在屏幕正中（Center the View on the Selected Object），图标为。

（5）俯视图、右视图、左视图、前视图、后视图，图标为。

（6）让所有对象以线框图状态显示（View wire-frame），图标为。机器人以非线框图和线框图状态显示的区别如图1-41所示。

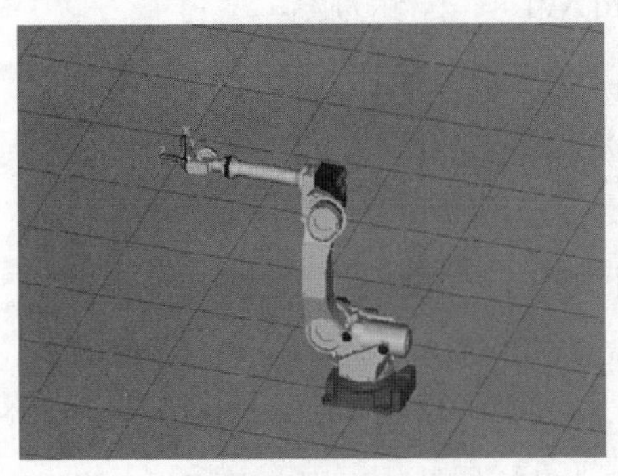

（a）机器人以非线框图状态显示

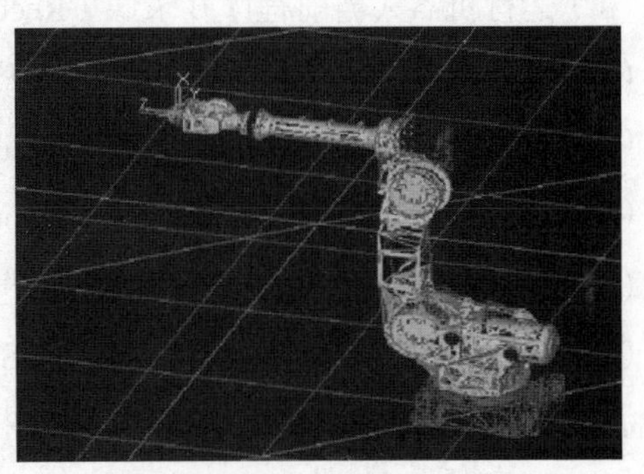

（b）机器人以线框图状态显示

图1-41 机器人以非线框图和线框图状态显示的区别

（7）显示/隐藏鼠标命令（Show/Hide Mouse Commands），图标为。单击图标，视图窗口中会出现黑色表格，表格内容为所有通过鼠标操作的快捷菜单，如图1-42所示。

Mouse Commands

Function	Action	Function	Action	Function	Action
Rotate view:	RIGHT Drag	Object property page:	DOUBLE-LEFT Click	Move robot to surface:	[CTRL] + [SHIFT] + LEFT-Click
Pan view:	[CTRL] + RIGHT Drag	Move object, one axis:	LEFT Drag triad axis	Move robot to edge:	[CTRL] + [ALT] + LEFT-Click
Zoom in/out:	BOTH Drag (mouse Y axis)	Move object, multiple axes:	[CTRL] + LEFT Drag triad	Move robot to vertex:	[CTRL] + [ALT] + [SHIFT] + LEFT-Click
Select object:	LEFT-Click	Rotate object:	[SHIFT] + LEFT Drag triad axis	Move robot to center:	[SHIFT] + [ALT] + LEFT-Click

图1-42 所有通过鼠标操作的快捷菜单

机器人控制工具栏如图1-43所示。

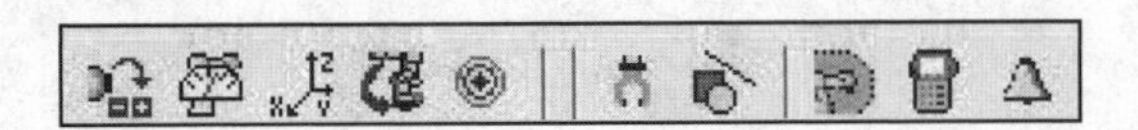

图1-43 机器人控制工具栏

主要介绍以下几种工具。

（1）实现世界坐标系、用户坐标系、工具坐标系等各个坐标系间的切换（Show/Hide Jog Coordinates Quick Bar），图标为。

（2）控制机器人执行程序时的运动速度，图标为。

（3）控制机器人手爪的开和闭（Open/Close Hand），图标为。

（4）显示/隐藏机器人的工作范围（Show/Hide Work Envelope），图标为。

（5）显示/隐藏TP控制器进行TP示教（Show/Hide Teach Pendant），图标为。

程序运行工具栏如图1-44所示。

图1-44　程序运行工具栏

（1）运行机器人当前程序并录像（Record AVI），图标为。

（2）运行机器人当前程序（Cycle Start），图标为。

（3）暂停机器人当前程序的运行（Hold），图标为。

（4）停止机器人当前程序的运行（Abort），图标为。

（5）消除运行机器人当前程序时出现的报警（Fault Reset），图标为。

（6）显示/隐藏机器人关节调节工具（Show/Hide Joint Jog Tool），图标为。单击该图标后，出现机器人关节调节工具，如图1-45所示。机器人关节处都会出现一个绿色的箭头，可以用鼠标光标拖动箭头来调整对应的轴的转动。当绿色的箭头变为红色时，表示该位置超出机器人的运动范围，机器人不能到达。

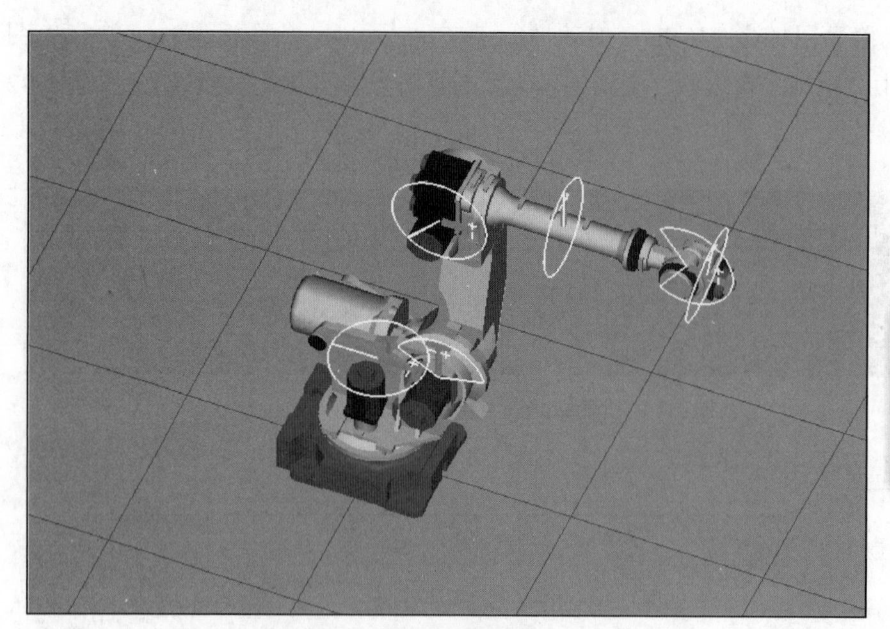

图1-45　机器人关节调节工具

（7）显示/隐藏程序运行控制面板（Show/Hide Run Panel），图标为。单击该图标后，出现程序运行控制面板，如图1-46所示。

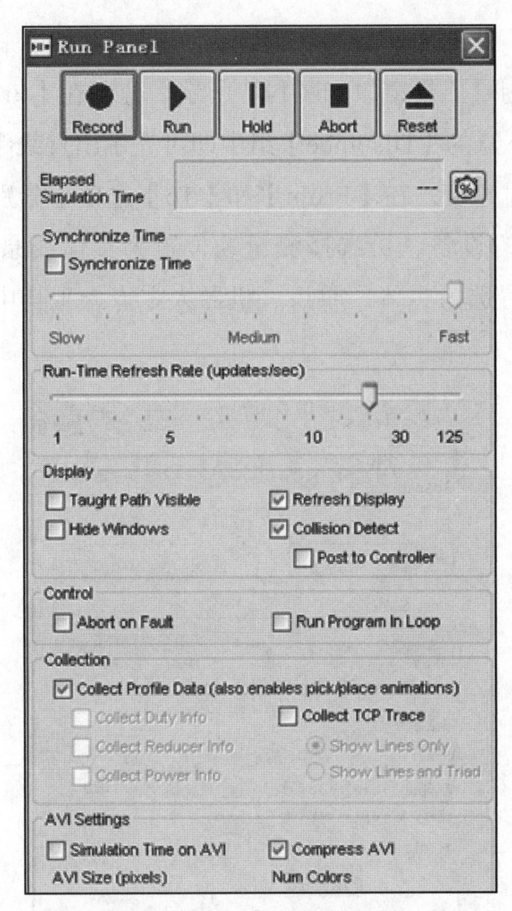

图1-46 程序运行控制面板

程序运行控制面板常用选项含义如表1-12所示。

表 1-12 程序运行控制面板常用选项含义

选项	含义
Elapsed Simulation Time	仿真运行时间
Synchronize Time	时间校准
Run-Time Refresh Rate	运行时间刷新率
Taught Path Visible	示教路径可见
Refresh Display	刷新画面
Hide Windows	隐藏窗口
Collision Detect	碰撞检测
Run Program In Loop	循环执行程序
AVI Size（pixels）	指定视频分辨率（像素）

此外，测量工具（Measure Tool）的图标为，它可用来测量两个目标位置间的距离和相对位置，测量工具窗口如图1-47所示。分别在【From】和【To】选项下选择两个目标位置，下方的【Distance】组中即可显示出直线距离、三条轴上的投影距离和三个方向的相对角度。在【From】和【To】选项下分别有一个下拉列表框。若选择的对象是添加的设备，可选择测量的位置为实体或原点；若选择的对象是机器人，可将测量位置选为实体、原点、机器人零点、工具中心点（TCP）和法兰盘等。

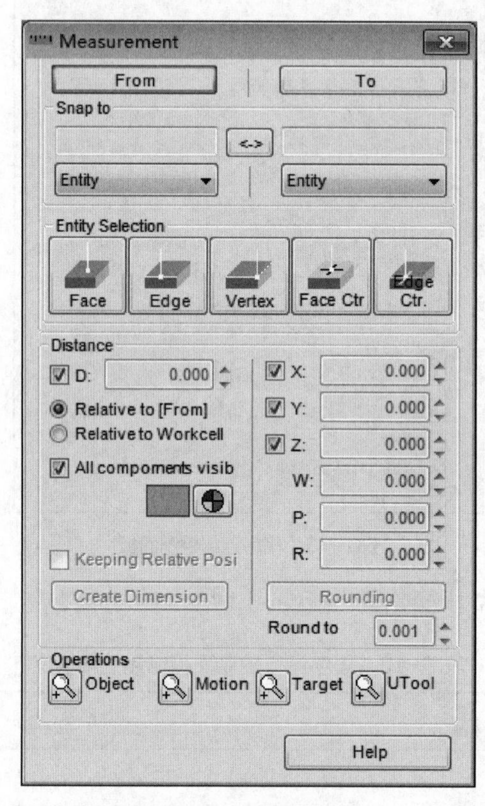

图1-47　测量工具窗口

1.3.2　ROBOGUIDE基本操作

1. 模型窗口操作

在ROBOGUIDE软件窗口中，可用鼠标对仿真模型窗口进行移动、旋转、放大、缩小等操作。

移动：按住鼠标滚轮并拖动。

旋转：按住鼠标右键并拖动。

放大、缩小：同时按住鼠标左、右键并前后移动。另一种方法是直接滚动鼠标滚轮。

2. 改变模型位置操作

在ROBOGUIDE软件窗口中，常常需要改变模型的位置：一种方法是直接修改其坐标参数；另一种方法是直接用鼠标拖曳，使用该方法首先要单击选中模型，使其显示出绿色坐标系。

移动：将鼠标指针放在模型的某个绿色坐标轴上，鼠标指针显示为手形并有坐标轴标号*X*、*Y*或*Z*，按住鼠标左键并拖动，模型将沿此轴方向移动；将鼠标指针放在模型坐标上，按住【Ctrl】键，再按住鼠标左键并拖动，模型将沿任意方向移动。

旋转：按住【Shift】键，将鼠标指针放在某轴上，按住鼠标左键并拖动，模型将沿此轴旋转。

3. 机器人运动操作

在ROBOGUIDE软件中，用鼠标和键盘可以使机器人TCP快速运动到目标面、边、点或者圆中心等。

运动到面：【Ctrl】+【Shift】+鼠标左键。

运动到边：【Ctrl】+【Alt】+鼠标左键。

运动到点：【Ctrl】+【Alt】+【Shift】+鼠标左键。

运动到圆中心：【Alt】+【Shift】+鼠标左键。

也可以用鼠标直接拖动机器人的TCP，将机器人移动到目标位置。

1.3.3 ROBOGUIDE常用功能

ROBOGUIDE软件常用功能包括虚拟示教器、机器人相关功能及其他功能（如多窗口显示、导出图片和模型、部分常用文件夹功能）等。

1. 虚拟示教器

生产现场机器人的运动一般是通过示教器（TP）来控制的。在ROBOGUIDE软件中，各机器人有自己的虚拟示教器。例如，选中一台机器人，单击面板上的显示/隐藏示教器按钮，如图1-48所示，即可显示与该机器人对应的虚拟示教器，如图1-49所示。ROBOGUIDE软件中的虚拟示教器与现场的真实示教器几乎完全一样，操作方式也一致。

图1-48　面板上的显示/隐藏示教器按钮

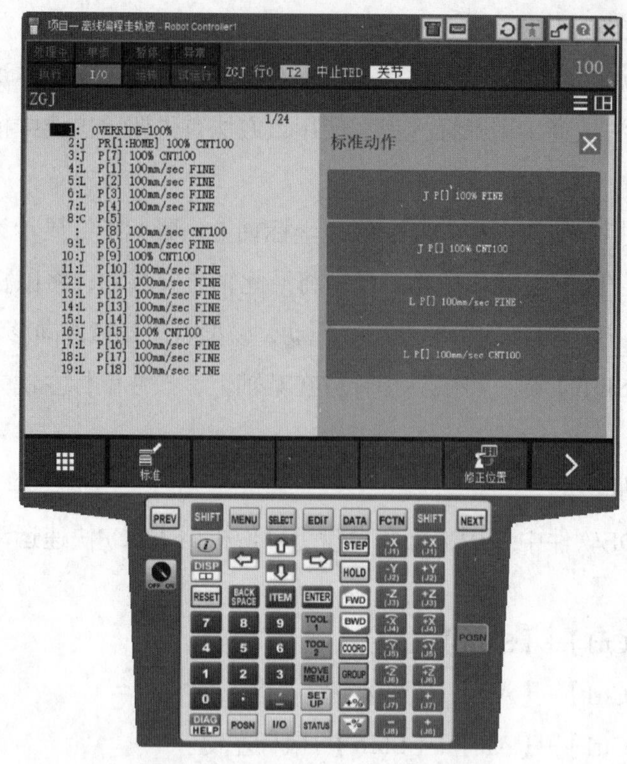

图1-49　机器人对应的虚拟示教器

但是两者也有不同的地方。

首先，虚拟示教器没有DEADMAN开关和紧急停止按钮；其次，虚拟示教器右上角有6个按钮（除去关闭按钮之外）。

Show Keypad按钮：单击该按钮可隐藏或显示虚拟示教器上的按钮面板，其效果如图1-50所示。

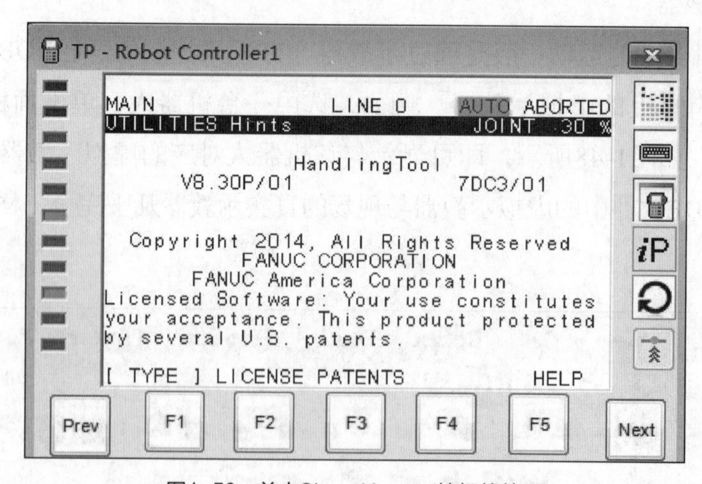

图1-50　单击Show Keypad按钮的效果

Map keypad on keyboard按钮：单击该按钮，可控制是否让键盘控制示教器。

ROBOGUIDE软件中的示教器不仅可以通过鼠标单击按钮来操作，还可以使用键盘操作。示教器上的部分按钮会与键盘上的按键对应。将鼠标指针放到示教器的某个按钮上，就会显示该按钮对应的键盘上的按键。具体如下。

（1）【PREV】按钮对应键盘上的【Esc】键。

（2）【NEXT】按钮对应键盘上的【F6】键。

（3）【STEP】按钮对应键盘上的【Insert】键。

Child Window按钮：单击该按钮后，TP窗口可作为子窗口。

Toggle iPendent/Legacy Mode按钮：单击该按钮，可切换黑白TP与彩色TP。

Cold Start按钮：冷启动按键。

QuickMove group to selected TP position按钮：单击该按钮，可快速将机器人移动至程序中的指定位置。

此外，在虚拟示教器的最下端还有3个选项，如图1-51所示。

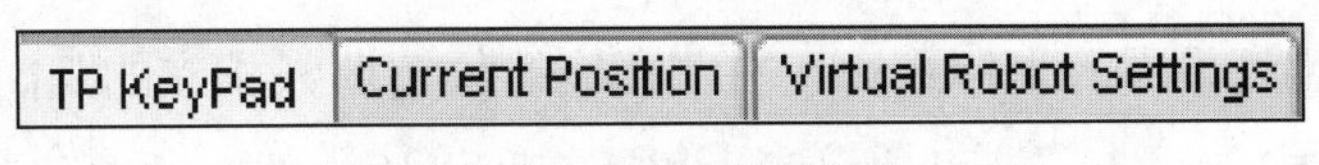

图1-51　虚拟示教器选项

（1）示教器操作面板【TP KeyPad】。

（2）当前位置【Current Position】，选中该选项后，虚拟示教器会显示机器人的当前位置，如图1-52所示。

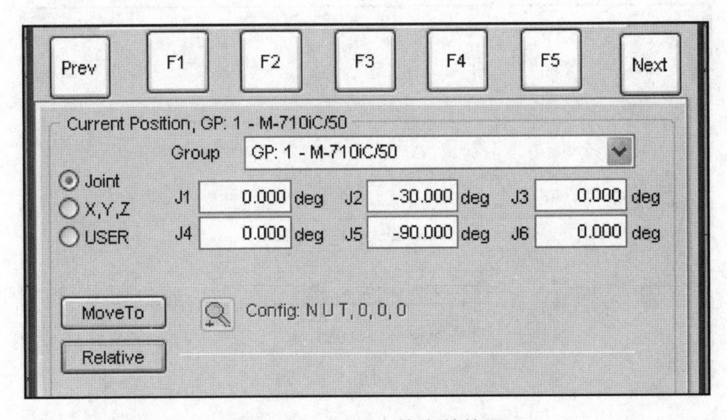

图1-52　机器人的当前位置

界面最上方显示的是该机器人选中的组【Group】，下方是机器人的位置信息，其中关节【Joint】选项是机器人6个轴的位置，X，Y，Z【X，Y，Z】选项是世界坐标系下机器人TCP的位置，用户【USER】选项是用户坐标系下机器人TCP的位置。用户可以在对应的位置修改当前信息，然后单击移动【MoveTo】按钮或按【Enter】键，就可使机器人运动到修改后的位置，此位置不能超出机器人的运动范围。单击关联【Relative】按钮，出现Relative设置界面，如图1-53所示。

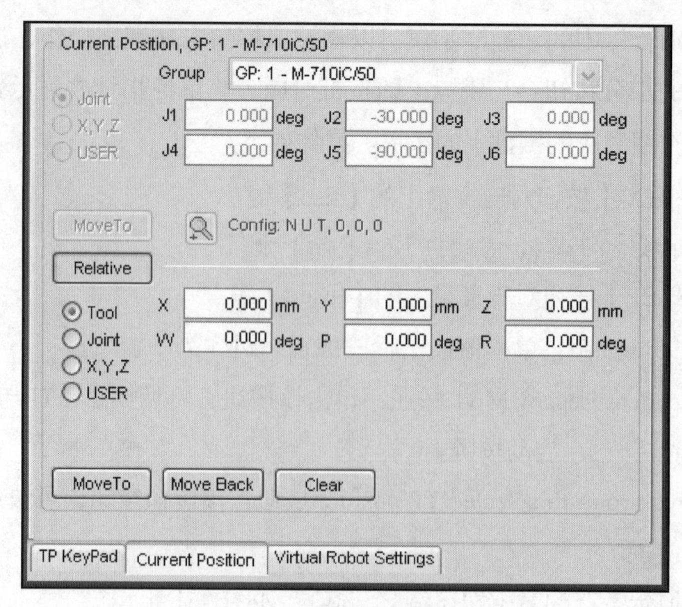

图1-53 Relative设置界面

图1-53中左侧为不同的坐标系，在右侧相应的位置填入相应的距离或者角度，然后单击移动【MoveTo】按钮，就可使机器人移动至所设的位置。反向移动【Move Back】按钮使机器人朝反方向移动，清除【Clear】按钮用于清除填入的值。

（3）真实机器人设置【Virtual Robot Settings】，选中该选项后，切换到图1-54所示的界面。

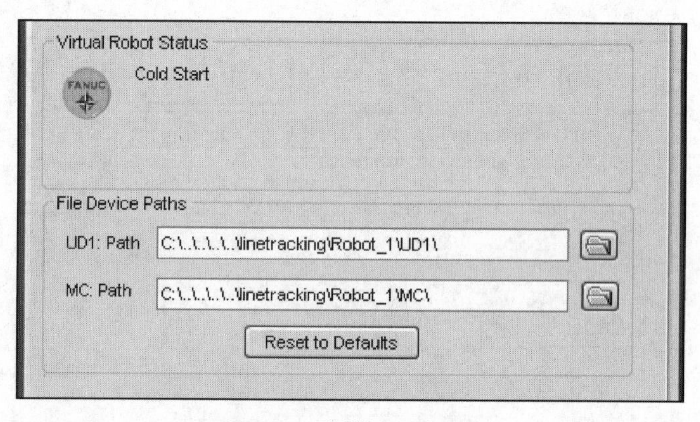

图1-54 虚拟机器人设置

图1-54中最上方为机器人的启动状态，在下方可以设置机器人UD1和MC的存储路径。还原默认设置【Reset to Defaults】按钮的功能为还原参数为初始值。

2. 机器人相关功能

（1）机器人启动方式。

进入ROBOGUIDE软件界面，选择菜单栏中机器人【Robot】→重新启动控制器【Restart Controller】选项，可以使机器人进入冷启动或控制启动模式，其后的初始化

【Init Start】选项可以初始化机器人并清除所有程序，如图1-55所示。

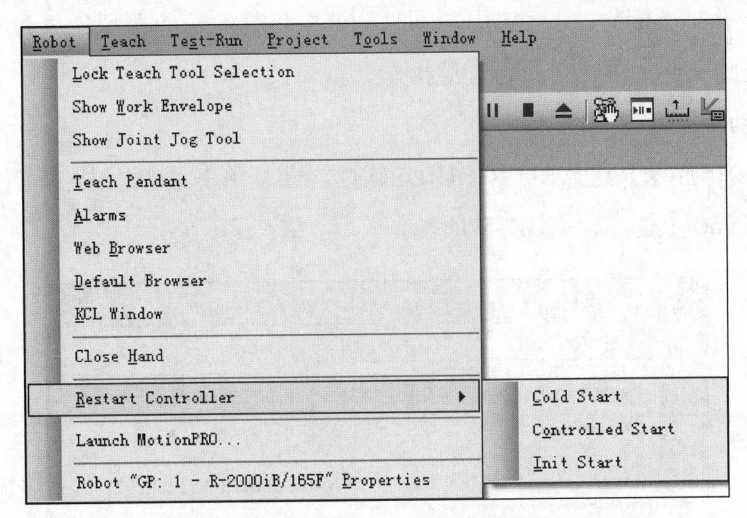

图1-55　使机器人进入冷启动、控制启动模式或初始化机器人

重新启动控制器【Restart Controller】包括如下选项。

① 冷启动【Cold Start】。

② 控制启动【Controlled Start】。

③ 初始化【Init Start】。

（2）TP程序的导入与导出。

在ROBOGUIDE软件中，虚拟示教器与现场的真实示教器可以相互导入和导出，所以可以用ROBOGUIDE软件进行机器人离线编程，然后将离线编程的程序导入机器人，或将现场的程序导入ROBOGUIDE软件进行仿真。

进入ROBOGUIDE软件界面，选择菜单栏中示教【Teach】→保存所有TP程序【Save All TP Programs】选项，可以直接保存TP程序到某个指定文件夹，也可将TP程序存为Text文件格式，如图1-56所示，该文件可以在计算机中查看。若要导入程序，则需选择加载程序【Load Program】选项。

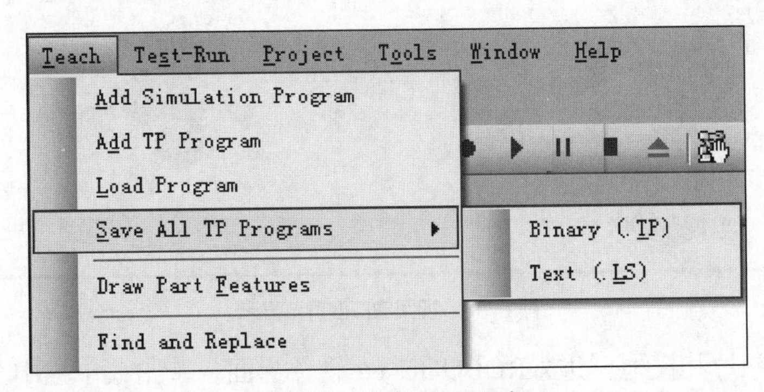

图1-56　保存所有TP程序

当然，也可使用标准路径，用虚拟示教器将程序导出。此时导出的程序将保存在对应的机器人文件夹下的MC文件夹中。同时，若要将其他示教器程序导入机器人，就要将程序复制到此文件夹下，再执行加载操作。

3. **其他功能**

（1）多窗口显示。进入ROBOGUIDE软件界面，单击菜单栏中窗口【Window】→3D视图【3D Panes】选项，如图1-57所示。

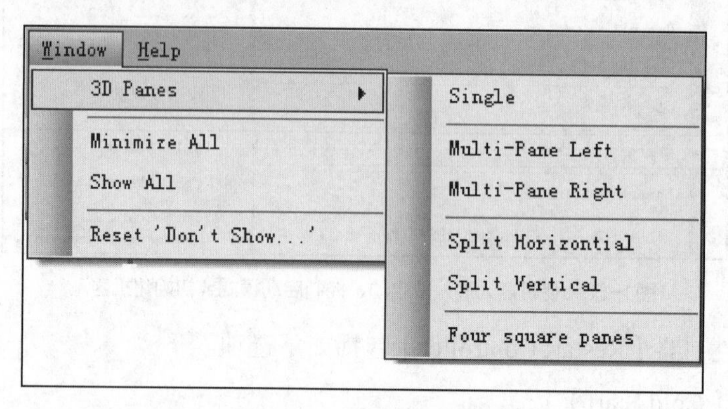

图1-57 选择3D视图选项

在显示的选项中可选择单屏显示、双屏显示、四屏幕显示等选项，如单击最下面的四屏幕显示【Four square panes】选项，出现图1-58所示画面。可单独对图1-58中每个屏幕进行视角调整，从不同角度进行观察。

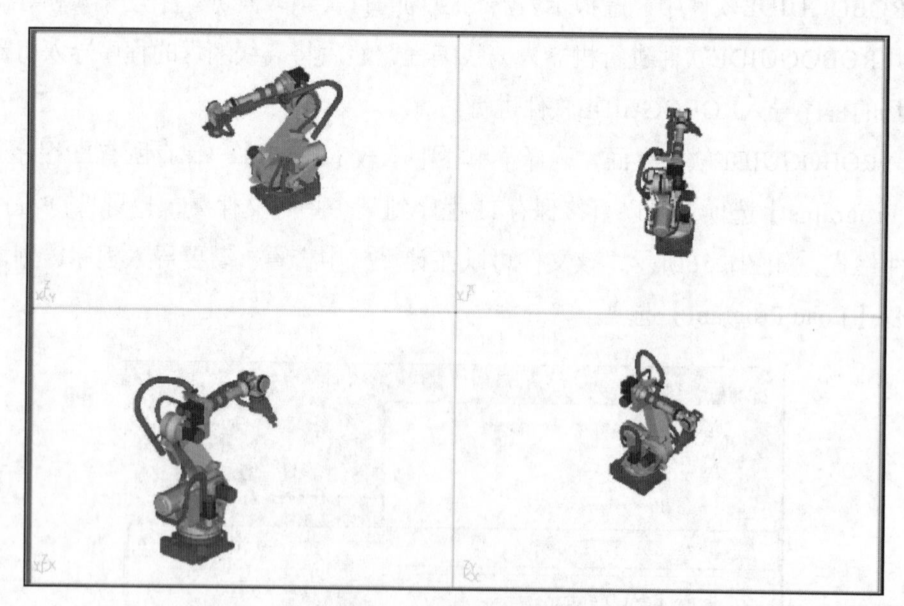

图1-58 视图窗口四屏幕显示

（2）导出图片和模型。进入ROBOGUIDE软件界面，单击菜单栏中文件【File】→导出【Export】选项，如图1-59所示。

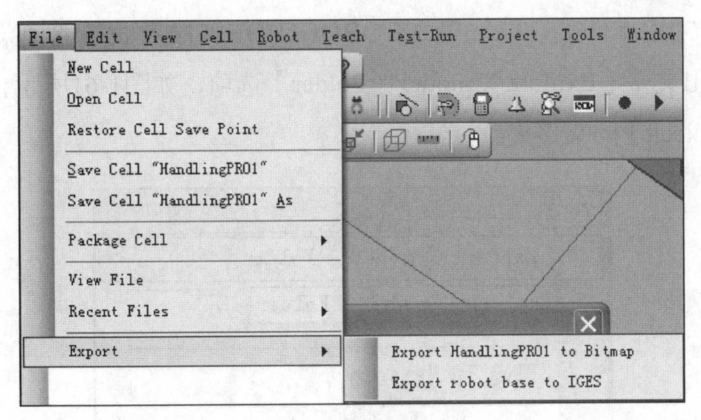

图1-59　选择导出选项

其中，导出IGES【Export robot base to IGES】选项用于将当前选择的三维模型导出为IGES文件格式。导出的图片和模型的默认存储路径均为该工作环境下的导出文件夹【Export】。

导出图片【Export HandlingPRO1 to Bitmap】选项用于将当前工作环境的画面输出为bmp格式的图片，如图1-60所示，可更改图片的名称、保存位置和尺寸。若当前是多屏显示，则可单击视图选择【View Selector】按钮，观察各个图像。单击保存所有【Save All】按钮，可保存所有图片。

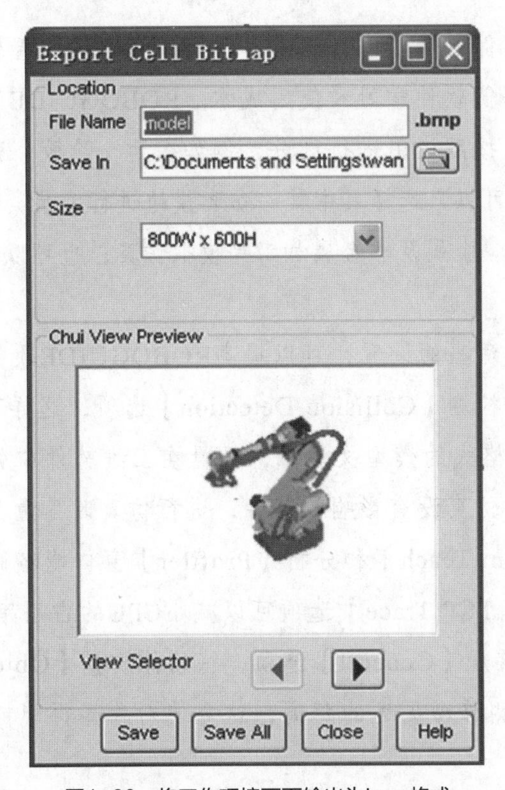

图1-60　将工作环境画面输出为bmp格式

（3）部分常用文件夹功能。进入ROBOGUIDE软件界面，选择菜单栏中的工具【Tools】→导出文件【Explore ""model"" Folder】选项，如图1-61所示，可以打开当前工作单元【Workcell】的文件夹。

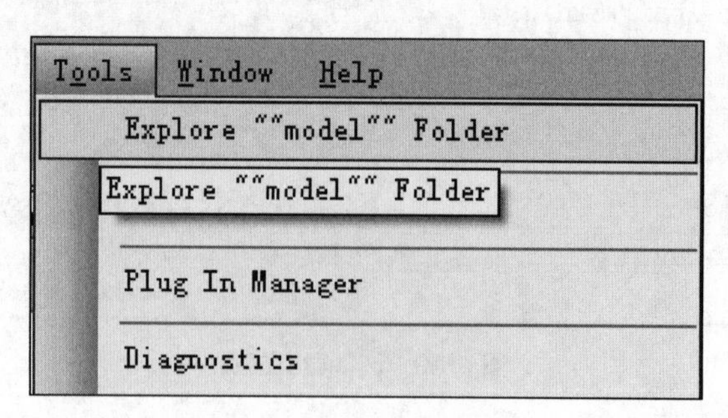

图1-61 选择导出文件选项

比较常用的文件夹有以下几种。

① 视频录像存储文件夹（AVIS）。

② 模型和图片默认导出文件夹（Exports）。

③ 机器人存储设备所在文件夹（Robot_1）。

小 结

在ROBOGUIDE软件实际应用过程中，我们通过熟练掌握软件参数设置、使用技巧、使用方法等，可降低软件学习和使用成本。ROBOGUIDE软件可以加载不同的仿真模块，仿真模块可以按照应用进行区分，例如搬运、涂胶、弧焊和点焊等。在安装ROBOGUIDE软件时，可以只选择其中某一仿真模块进行安装，在搬运应用中还可以在机床上进行下料、冲压、金属及非金属加工等模拟仿真；也可以根据计算机配置，选择安装所需仿真模块。

在仿真运算时进行适当的设置，可以提高ROBOGUIDE软件的运行速度：程序运行时尽量取消勾选碰撞检测【Collision Detection】选项，这样可以大大节约CPU资源和内存；导入大型IGS格式的模型文件时，尽量在三维软件中先做些处理，以减小文件，也可以略去一些对仿真没有影响的部件；进行仿真时尽量关掉不需要的窗口，如关掉程序示教【Program Teach】和分析【Profiler】窗口能略微提高性能；取消勾选TCP动作路径【Collect TCP Trace】选项可以减小CPU的占用率；选择工具【Tools】→选项【Options】→常规【General】选项，将物体质量【Object Quality】的滑条向右侧【Performance】侧移动更远的距离，这会使对象显得粗糙，但可以带来性能的提升。

练 习 题

一、填空题

① ROBOGUIDE软件常用仿真模块主要包括__________、__________、__________、__________、__________等。

② ROBOGUIDE软件中，物料搬运仿真模块可加载并使用__________、__________、__________、__________等工具包。

③ ROBOGUIDE软件菜单栏主要包括__________、__________、__________、__________和__________等共11个菜单选项。

④ 在ROBOGUIDE软件窗口中，用户可以通过鼠标对仿真模型窗口进行__________、__________、__________等操作。

⑤ 对于ROBOGUIDE软件中的TP，用户不仅可以用鼠标单击按钮来操作，还可以使用__________操作，TP上的一些按钮与__________上的某个按键对应。

二、简答题

① 为了使用户方便、快捷地创建并优化机器人程序，ROBOGUIDE还提供哪些其他功能模块?

② 为了提高ROBOGUIDE软件运行速度，在软件仿真运算时一般会采取哪些设置方法?

三、实践题

安装ROBOGUIDE软件时，选择物料搬运仿真模块【HandlingPRO】并新建工作单元。

第2章 ROBOGUIDE仿真工作站创建

在工程文件的三维环境中，ROBOGUIDE软件可以根据现场设备的真实布局，利用软件中仿真工作站的构架及构成要素，通过绘制或导入的工具、工装、机械、障碍物等模型，进行参数设置，构建虚拟仿真的工作场景，从而模拟真实机器人的工作环境。

2.1 ROBOGUIDE仿真模块

一般情况下，工业机器人工作站包含工业机器人本体、作业工具和工作对象3个重要组成部分。在ROBOGUIDE软件的虚拟环境中，可以仿照真实的工作现场建立一个仿真的工作站，充分利用计算机图形技术与机器人控制技术，在软件中组建场景模型与控制系统，为工业机器人加载系统，建立虚拟的控制器，使仿真的工作站具有相应的电气特性来完成相关的仿真操作，如图2-1所示。这个工作站中包括机器人（如焊接机器人、搬运机器人等）、工具（如手爪）、工件、工装台以及外围设备等。其中，机器人、工具、工件和工装台是构成工作站不可或缺的要素。

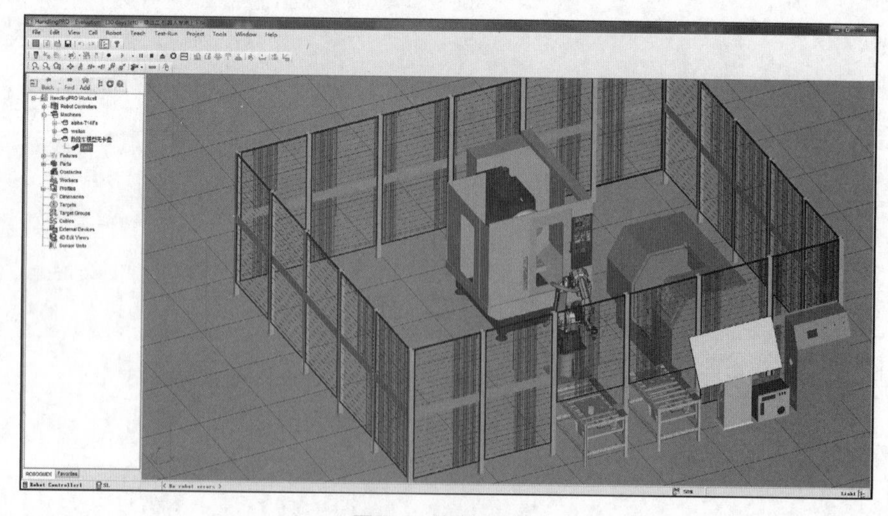

图2-1 仿真工作站

一般情况下，ROBOGUIDE工程文件中的仿真工作站架构主要包括机器人控制模块（ROBOT）、工具模块（EOATs）、工装模块（Fixtures）、机械模块（Machines）、障碍物模块（Obstacles）、工件模块（Parts）和其他模块（Others）等，每个模块具有不同的功能，ROBOGUIDE仿真工作站构架图如图2-2所示。机器人控制模块以及其他模块在此不作介绍。

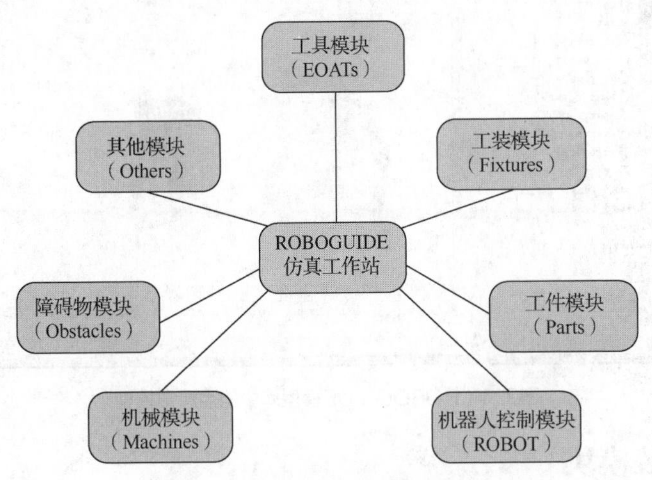

图2-2　ROBOGUIDE仿真工作站构架图

2.1.1　工具模块

在工业生产中，工具模块（EOATs）就是工业机器人手臂末端工具，如图2-3所示，工具安装在机器人的六轴法兰盘上，与机器人随动。ROBOGUIDE模型库中的点焊钳模型如图2-4所示，它位于工具【Tooling】路径，是机器人的末端执行器，工具模块的常见模型包括焊枪、焊钳、手爪、喷涂枪、伺服机器手等。不同的工具模型在ROBOGUIDE仿真运行时会产生不同的模拟效果。例如，运行仿真机器人焊接模型程序，可模拟焊枪产生焊接火花及焊缝。仿真机器人在机床上下料时，可模拟手爪对目标物体的抓取动作。

图2-3　工业机器人手臂末端工具——点焊钳

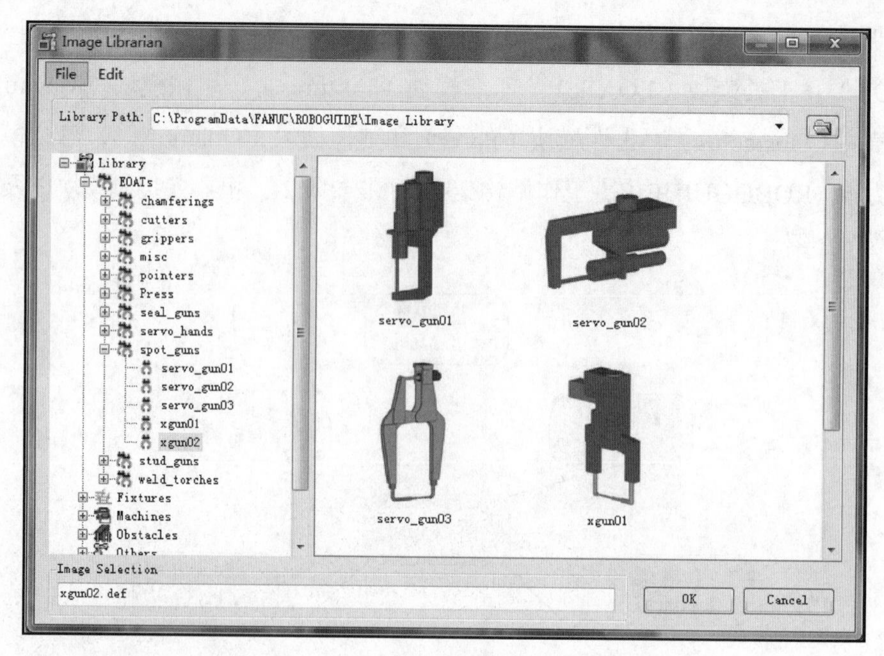

图2-4　ROBOGUIDE模型库中的点焊钳模型

2.1.2　工装模块

工装模块是制造过程中所用的各种工具的总称，包括夹具、辅具、工位器具等，机器人数控加工工作站中的工装如图2-5所示。在ROBOGUIDE软件中，工装模型属于工件辅助模型，ROBOGUIDE模型库中的工装模型如图2-6所示。在仿真工作站中，工装模块充当工件的载体，为工件自动加工过程中的周转、搬运等仿真功能的实现提供平台。

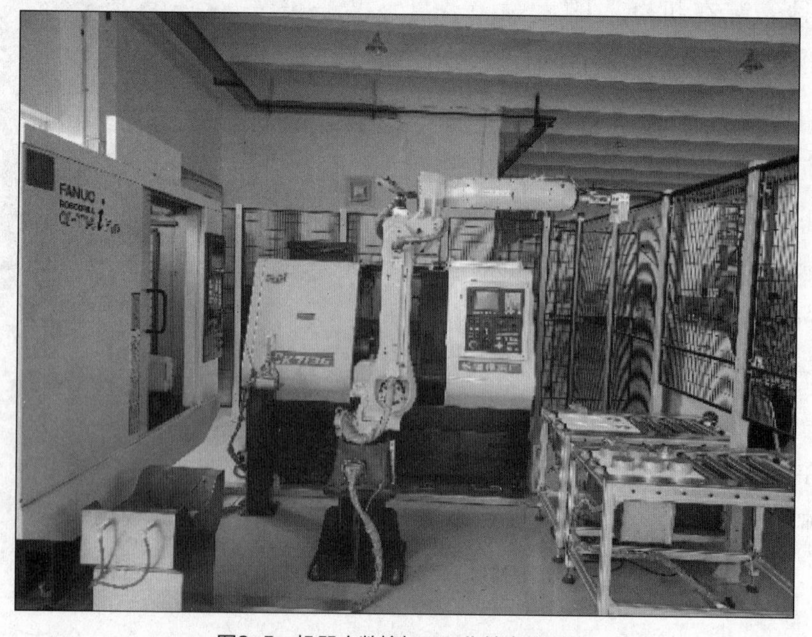

图2-5　机器人数控加工工作站中的工装

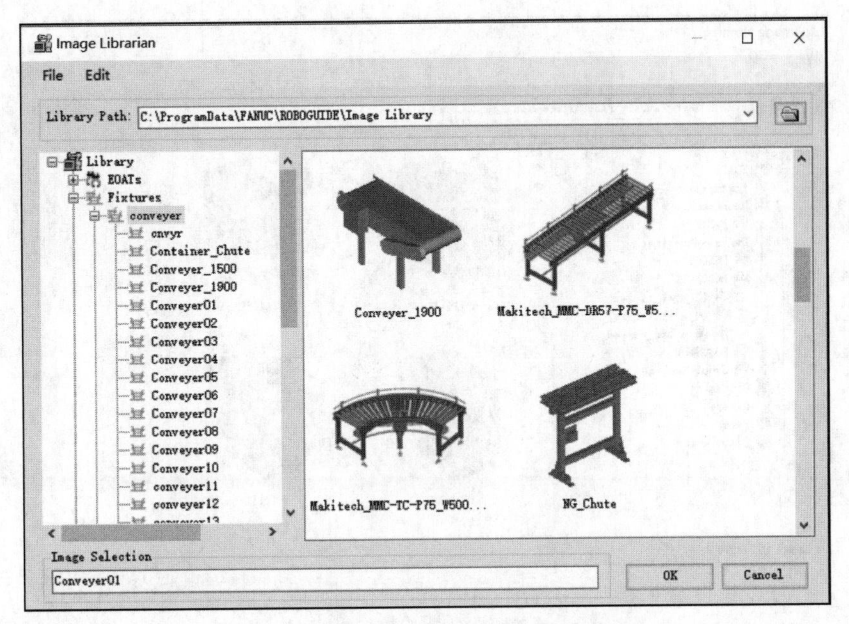

图2-6　ROBOGUIDE模型库中的工装模型

固定加工工作台和工件夹具在ROBOGUIDE的仿真环境中属于工装模型，在实际生产中为工件模型的载体。工装模型可以实现工装功能，能辅助工件模型完成编程与仿真。ROBOGUIDE中，工装模型之间是相互独立的。工装模型的添加数量不受限制，每个工装模型都可采用中文进行自定义命名，以便于操作、查找和管理。

2.1.3　机械模块

机械模块指的是外部机械装置。机械模块显著的特点就是同机器人模型一样，可实现自主运动。机械模块包括行走轴、传送带、推送气缸等直线运动设备，也包括机械转台、变位机等旋转运动设备。典型的机器人行走轴如图2-7所示。在ROBOGUIDE软件中，机械模块可协助实现仿真运动，除了机器人模型以外，若让其他模型实现自主运动，必须通过创建机械模块来实现。需特别指出的是，机械模型是工件模型的重要载体，ROBOGUIDE模型库中的机械模型如图2-8所示，它为实现工件自动加工、搬运等提供运动平台。

图2-7　典型的机器人行走轴

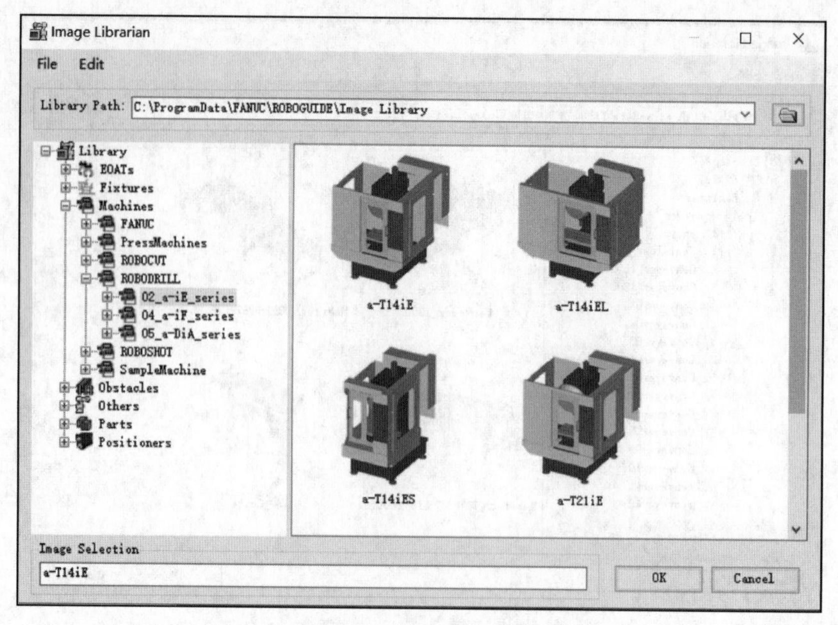

图2-8　ROBOGUIDE模型库中的机械模型

2.1.4　障碍物模块

障碍物模块不是仿真工作站中必须创建的辅助模块，此类模块一般用于充当外围设备和装饰，包括焊接设备、电子设备、围栏等，生产现场中的障碍物模块——安全防护栏如图2-9所示。ROBOGUIDE软件提供的障碍物模型对于仿真不具备实际意义，其主要作用是保持虚拟环境与生产现场的布置一致，ROBOGUIDE模型库中的障碍物模型——安全防护栏如图2-10所示。应避免编写出机器人运动轨迹与障碍物冲突而发生碰撞的离线程序。

图2-9　生产现场中的障碍物模块——安全防护栏

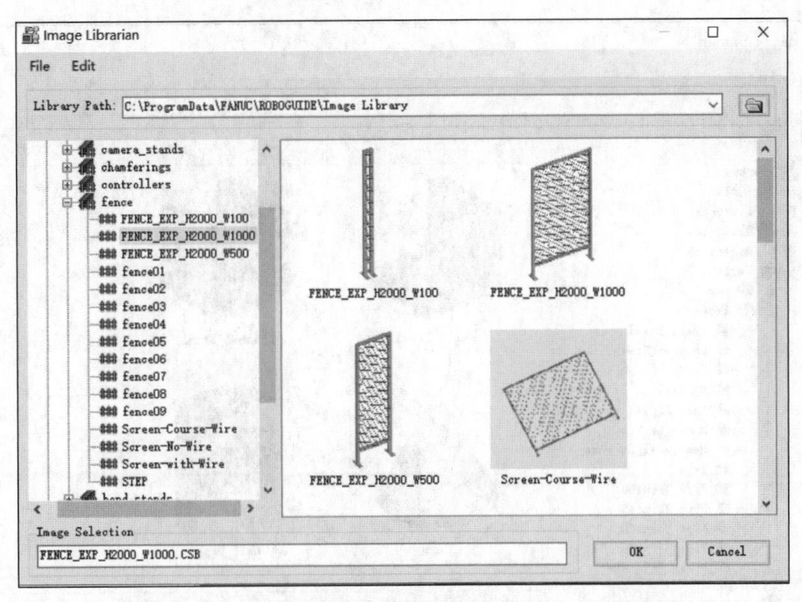

图2-10　ROBOGUIDE模型库中的障碍物模型——安全防护栏

需特别注意的是，在ROBOGUIDE软件中创建仿真工作站时，障碍物模型不能让工件附加在上面，主要原因是添加的障碍物模型不参与模拟，它只是演示现场的外围设备，如围栏、控制柜等。

2.1.5　工件模块

工件是生产过程的加工对象，生产过程中的工件如图2-11所示。在ROBOGUIDE软件中，工件模型也是模拟仿真的重要组成部分。在模拟仿真过程中，工件可设置为加工对象，用于模拟加工和搬运的真实效果，ROBOGUIDE模型库中的工件模型如图2-12所示。工件模型除用于演示仿真动画以外，最重要的是它具有“模型-程序”转化功能。ROBOGUIDE软件能够获取工件模型数据信息，将其转化成程序轨迹的信息，用于快速编程和复杂轨迹编程。

图2-11　生产过程中的工件

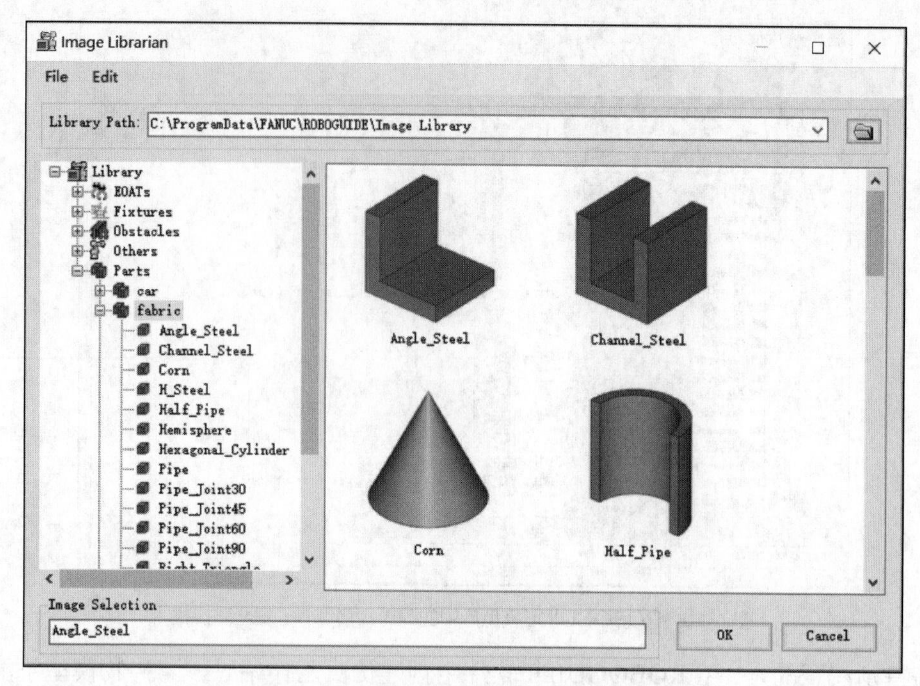

图2-12　ROBOGUIDE模型库中的工件模型

2.2　机器人及相关设备添加

ROBOGUIDE软件能提供所有机器人模型，用户可以进行各仿真模块的添加，并针对不同的模块设置相应的参数；用户可以根据需要进行属性参数设置用于模拟仿真。下面对机器人模型、工具模型、工装模型、工件模型的添加进行介绍。

2.2.1　机器人模型的添加

打开机器人属性界面后，打开导航目录【Cell Browser】，选中机器人，单击鼠标右键选择GP：1-M-20iA/12/属性，也可以直接双击界面上的机器人。在导航目录【Cell Browser】中双击机器人，或在工作环境中双击机器人模型，都可打开机器人属性界面。属性界面中的信息非常重要，不同的模块具有其相应的参数设置选项内容，用户主要可进行模型的显示状态设置、位置姿态设置、尺寸数据设置、仿真条件设置和运动学设置等。机器人属性参数设置选项如图2-13所示。

常用机器人属性参数设置选项如下。

（1）命名【Name】选项。可以手动输入机器人的名称，支持中文输入。

（2）序列化机器人【Serialize Robot】按钮。使用该按钮可以修改机器人工程文件配置，单击【Serialize Robot】按钮，进入工程文件创建向导界面，按步骤进行操作可以修改在创建机器人时设置的一些信息，如图2-14所示。

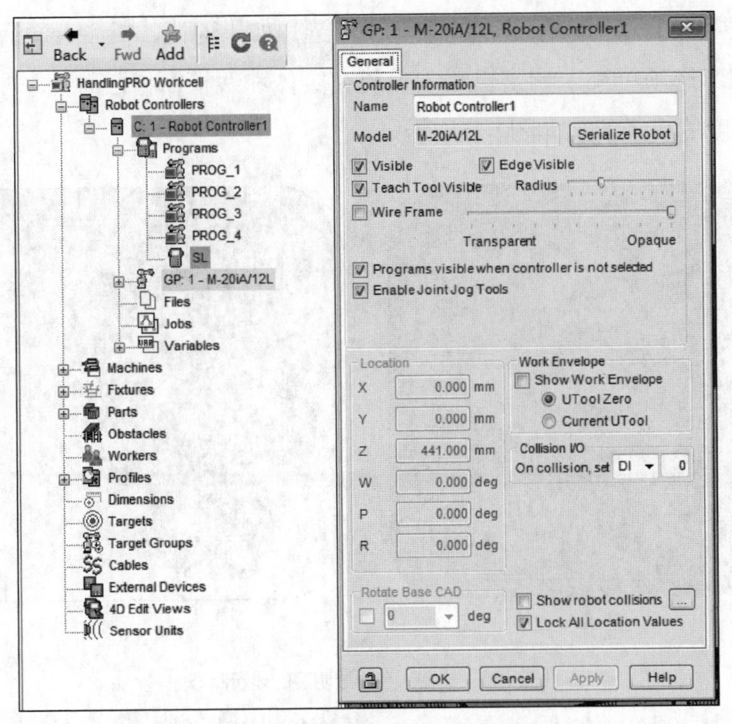

图2-13　机器人属性参数设置选项

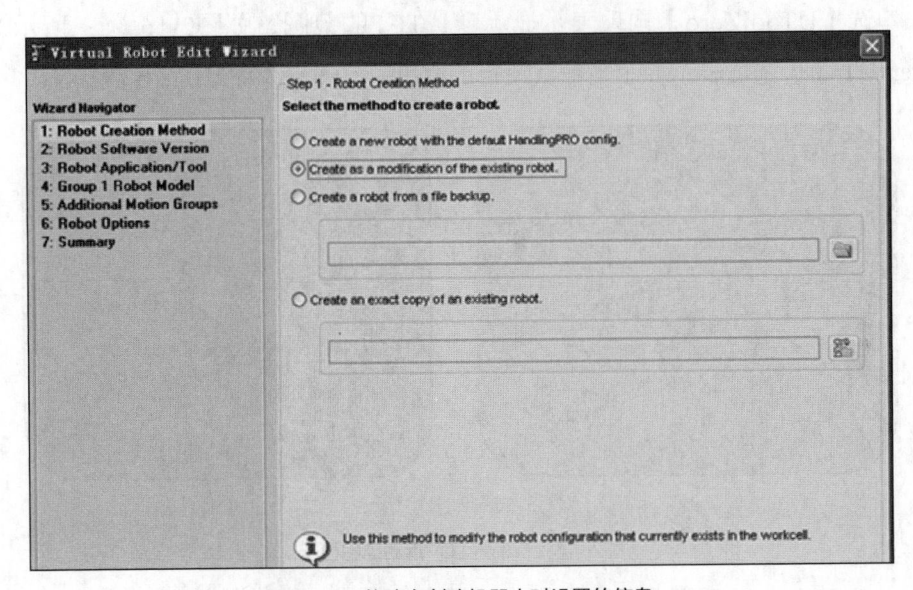

图2-14　修改在创建机器人时设置的信息

（3）可见【Visible】选项。默认勾选，取消勾选后机器人模组将会隐藏。

（4）边界可见【Edge Visible】选项。默认勾选，取消勾选后机器人模组的轮廓线将隐藏。

（5）示教工具可见【Teach Tool Visible】选项。默认勾选，取消勾选后机器人TCP（图中的小白点）将被隐藏，右侧调节选项可用于调整TCP显示的尺寸。

（6）线框【Wire Frame】选项。默认不勾选，如果勾选，机器人模组将以线框样式显示，右侧调节选项可用于调整机器人模组在实体和线框2种显示模式下的透明度，机器人不同透明度的显示状态如图2-15所示。

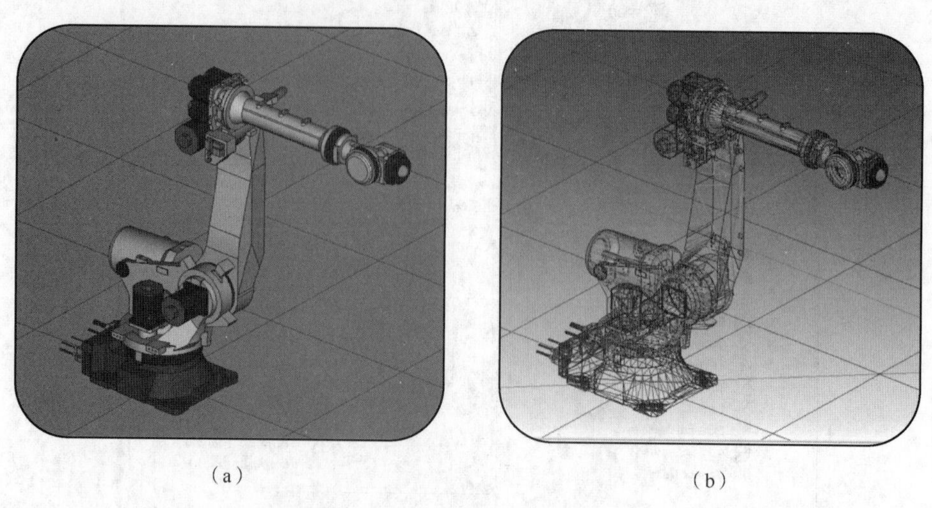

（a）　　　　（b）

图2-15　机器人不同透明度的显示状态

（7）显示工作范围【Show Work Envelope】选项。勾选后会显示机器人TCP运动范围，勾选【UToolZero】选项表示显示默认TCP的范围，如图2-16（a）所示；勾选【CurrentUTool】选项表示显示当前新设定的TCP的范围，如图2-16（b）所示。

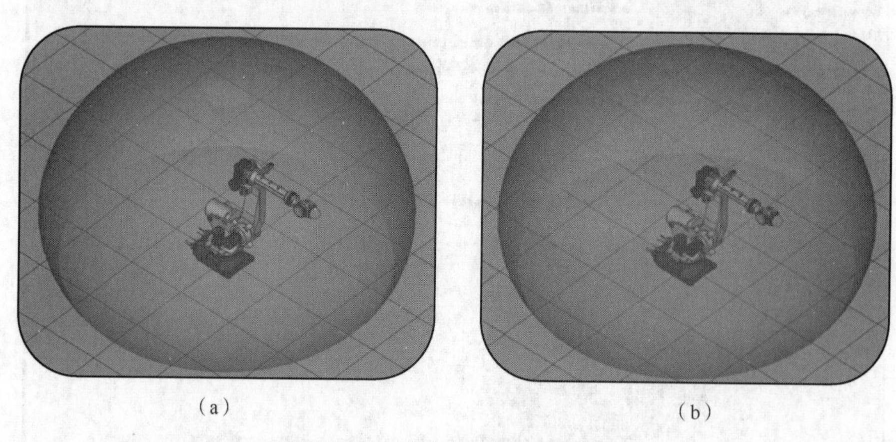

（a）　　　　（b）

图2-16　机器人TCP运动范围显示

（8）位置【Location】选项。可以手动输入数值来调整机器人位置，包括在*X*、*Y*、*Z*轴方向平移一定距离或旋转一定角度。

（9）显示机器人碰撞【Show robot collisions】选项。勾选后会显示碰撞结果。若机器人模组任意部位与其他模型发生接触，整个模组会高亮显示以提示发生了碰撞，如图2-17（a）所示，机器人模组将被锁定，如图2-17（b）所示。

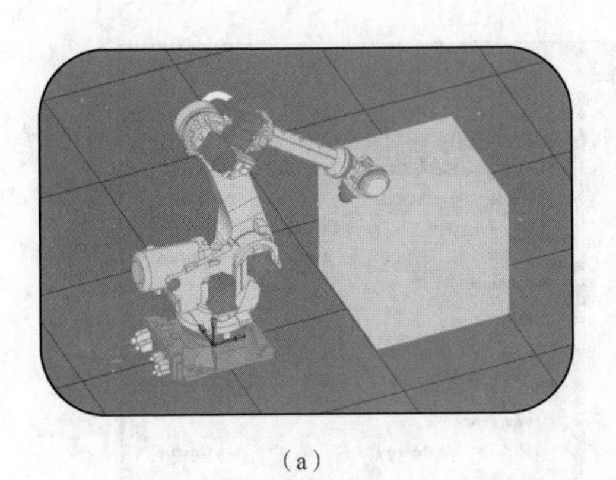
（a）

（b）

图2-17 机器人碰撞及锁定状态

（10）锁定所有位置值【Lock All Location Values】选项。勾选后机器人不能被移动，机器人模型的坐标系会由绿色变为红色。如果是其他可调整尺寸的模型，勾选此项后其尺寸数据也将被锁定。

如果要添加机器人，可右击机器人控制【Robot Controllers】选项，出现添加机器人【Add Robot】选项，如图2-18所示。单击该选项后会出现与创建机器人时相同的界面，且操作步骤与之相同。

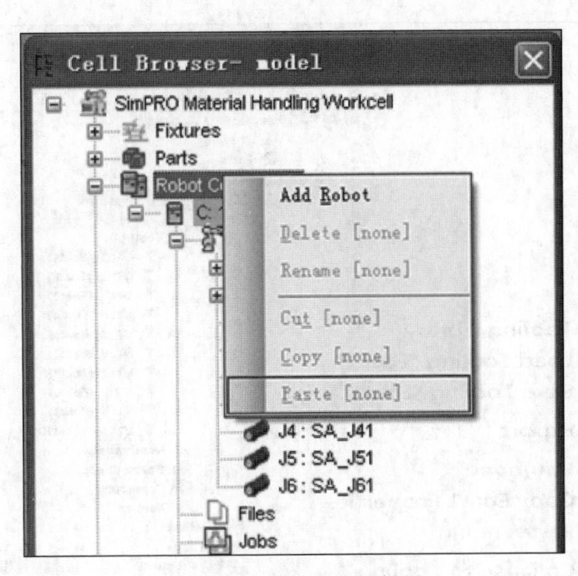

图2-18 添加机器人选项

2.2.2 工具模型的添加

以在机器人法兰盘上安装手爪或焊枪为例进行说明。选择工具【Tooling】选项，会出现工具目录，此时可选择安装工具。双击其中一个，会出现图2-19所示的工具界面。

在导航目录（Cell Browser）中选中【UT:1（Eoat1）】，右击该工具，选择机械手末端工具1属性【Eoatl Properties】选项，如图2-20所示。

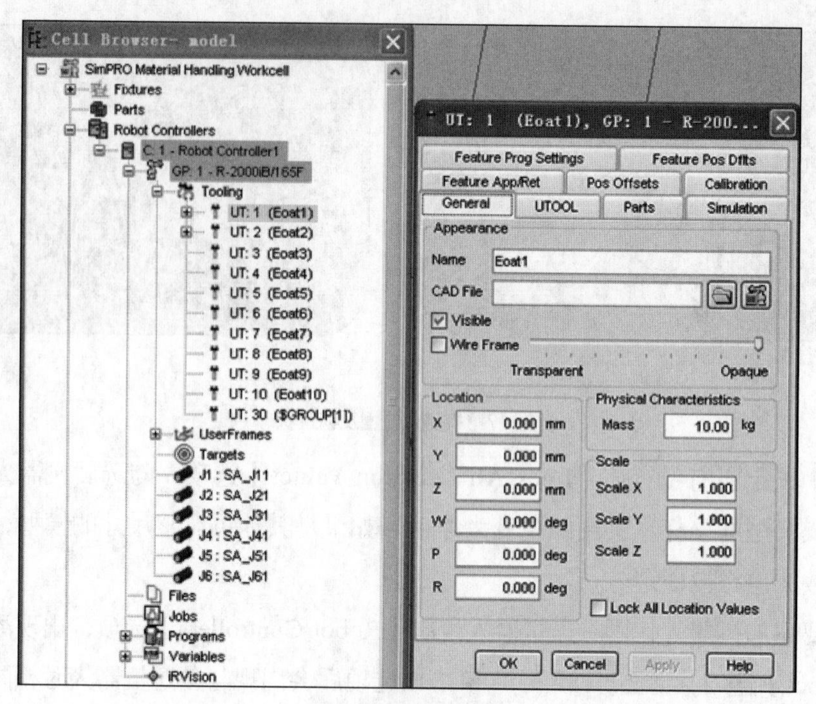

图2-19　工具界面

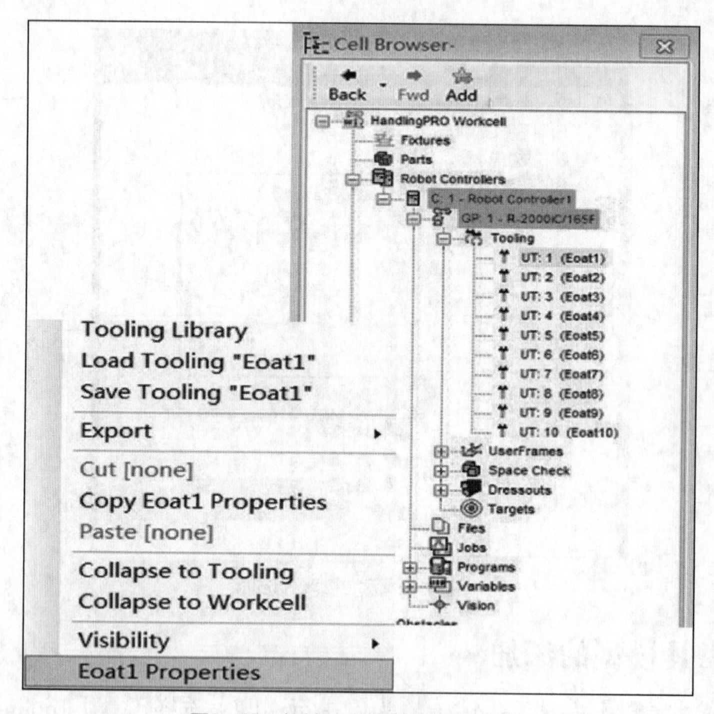

图2-20　机械手末端工具1属性选项

单击常规【General】选项卡，其中的CAD文件【CAD File】选项用于选择工具的文件目录，其右侧有两个按钮，第一个按钮▣用于打开三维软件导入的模型，第二个按钮▣用于打开ROBOGUIDE自带的工具模型库，如图2-21所示。

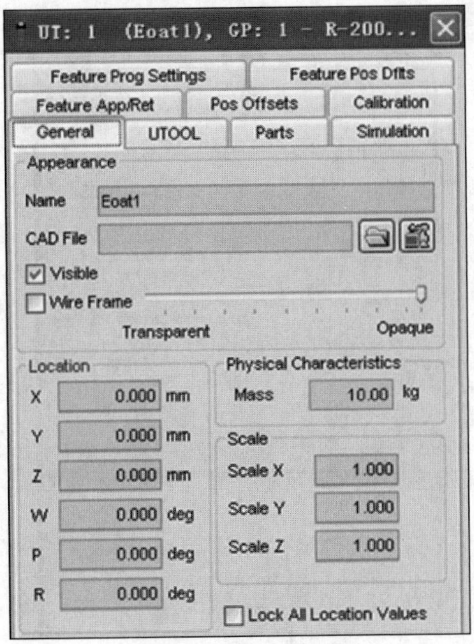

图2-21　常规选项卡

单击按钮，选择好模型后，单击确定【OK】按钮，如图2-22所示。然后，调整工具的位置，或在位置【Location】组中填写数据，以使工具正确地安装在机器人法兰盘上。调整好后，勾选锁定所有位置值【Lock All Location Values】选项，锁定工具位置，如图2-23所示。

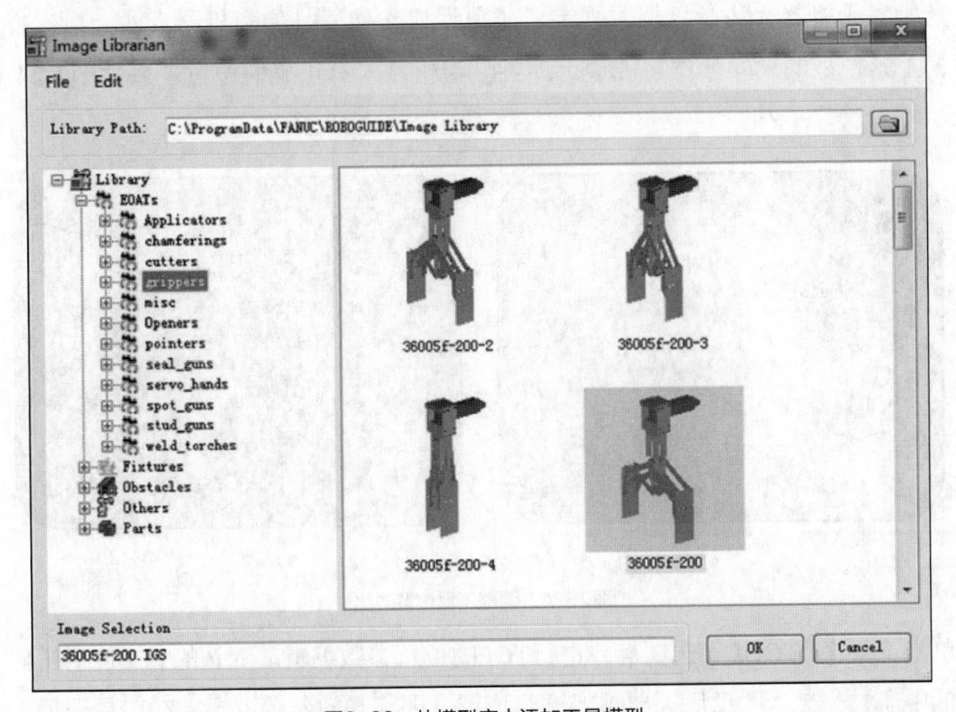

图2-22　从模型库中添加工具模型

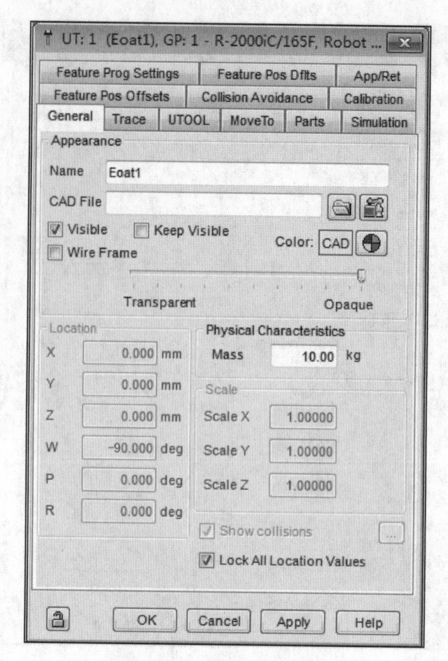

图2-23　锁定工具位置

单击应用【Apply】按钮确认后，工具会出现在机器人手部末端。若工具出现后却没有在正确的位置，如图2-24（a）所示，此时需要修改工具的位置数据，在属性界面选择常规【General】选项卡，修改位置数据W=−90，工具就能正确地安装在机器人法兰盘上了。勾选锁定所有位置值【Lock All Location Values】选项，如图2-23所示，使工具相对于机器人法兰盘位置固定，避免误操作使工具偏离机器人法兰盘。操作完成后，工具模型的尺寸数据将被锁定。工具与机器人有正确的位置关系如图2-24（b）所示。

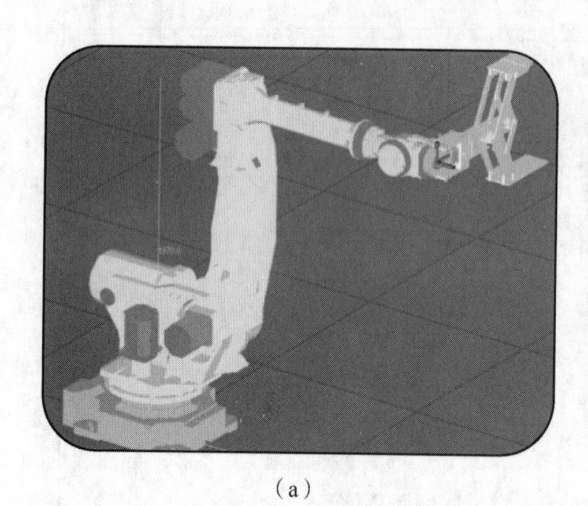
（a）

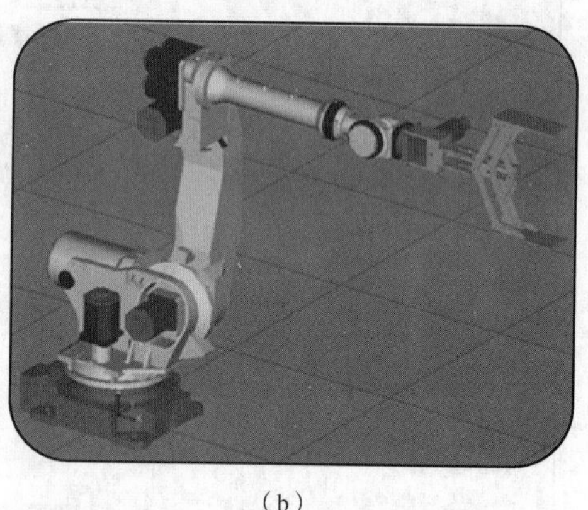
（b）

图2-24　调整工具位置对比

单击工具【UTOOL】选项卡，进行TCP的位置参数编辑。默认的TCP位于机器人法兰盘的中心，当装入手爪后需要重新调整位置，即将它放到手爪上。在工具选项卡中，勾选编辑工具坐标系【Edit UTOOL】选项，设置TCP位置参数，如图2-25所示。

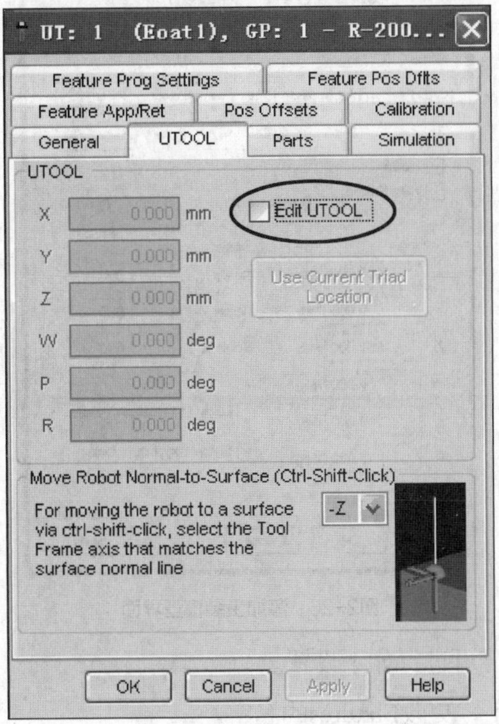

图2-25 设置TCP位置参数

TCP位置参数设置方法如下。

（1）使用鼠标直接拖动画面中的工具坐标系，将其拖至合适位置。选择使用当前位置【Use Current Triad Location】选项，软件会自动算出TCP的X、Y、Z、W、P、R值，单击应用【Apply】按钮确认。

（2）直接输入工具坐标系偏移数据，如X=0、Y=0、Z=850、W=0、P=0、R=0，单击应用【Apply】按钮确认。

2.2.3 工装模型的添加

在ROBOGUIDE的仿真环境中，固定加工工作台和工件夹具属于工装模型，在实际生产中为工件模型的载体。工装模型用于实现工装功能，辅助工件模型完成编程与仿真。添加工装模型界面如图2-26所示。

在该界面中主要进行以下设置。

（1）常规【General】属性设置。

（2）校准【Calibration】功能设置。

（3）工件附加【Parts】功能设置。

（4）仿真【Simulation】功能设置。

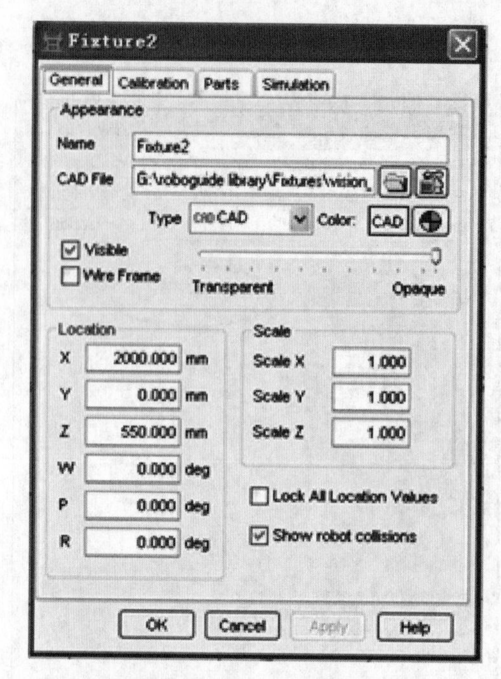

图2-26 添加工装模型界面

工装模型的常规属性可进行如下设置。

（1）命名【Name】，更改Fixtures的名字。

（2）CAD文件【CAD File】，按文件路径添加模型。

（3）显示或者隐藏【Visible】，更改该设置后，单击应用【Apply】按钮才生效。

（4）工装类型【Type】，改变模型类型。

（5）工装颜色【Color】，改变模型颜色。

（6）线框【Wire Frame】，勾选后模型以线框样式显示。

（7）位置【Location】，以工作环境的原点为参照定义模型原点的位置。

（8）比例【Scale】，修改模型的比例尺寸。

（9）显示机器人碰撞【Show robot collisions】，勾选该项后，会检测此模型是否与工作环境内的机器人有碰撞，若有，此模型会高亮显示。

（10）锁定所有位置值【Lock All Location Values】，勾选该项后，模型的位置不可更改。

创建工装模型，可使用从外部模型库中导入、自行绘制和从自带模型库中添加3种方法。

① 从外部模型库中导入。工装模型可以通过SW、UG、PRO/E等三维软件建模绘制，保存为特定模型文件后导入ROBOGUIDE软件。常用的导入模型文件格式有IGS、STL，较高版本的ROBOGUIDE软件支持通用的格式。

② 自行绘制。ROBOGUIDE并非专业建模软件，仅可绘制简单几何体，目前只支持立方体、圆柱体、球体等简单模型的绘制。

③ 从自带模型库中添加。ROBOGUIDE自带模型库中的模型样式较为直观，能够帮助用户理解工装模型的作用和意义，但是模型数量有限。

可以利用模型库【CAD Library】选项加载ROBOGUIDE自带的三维模型，包括传送带、夹具、加工中心等，如图2-27所示。

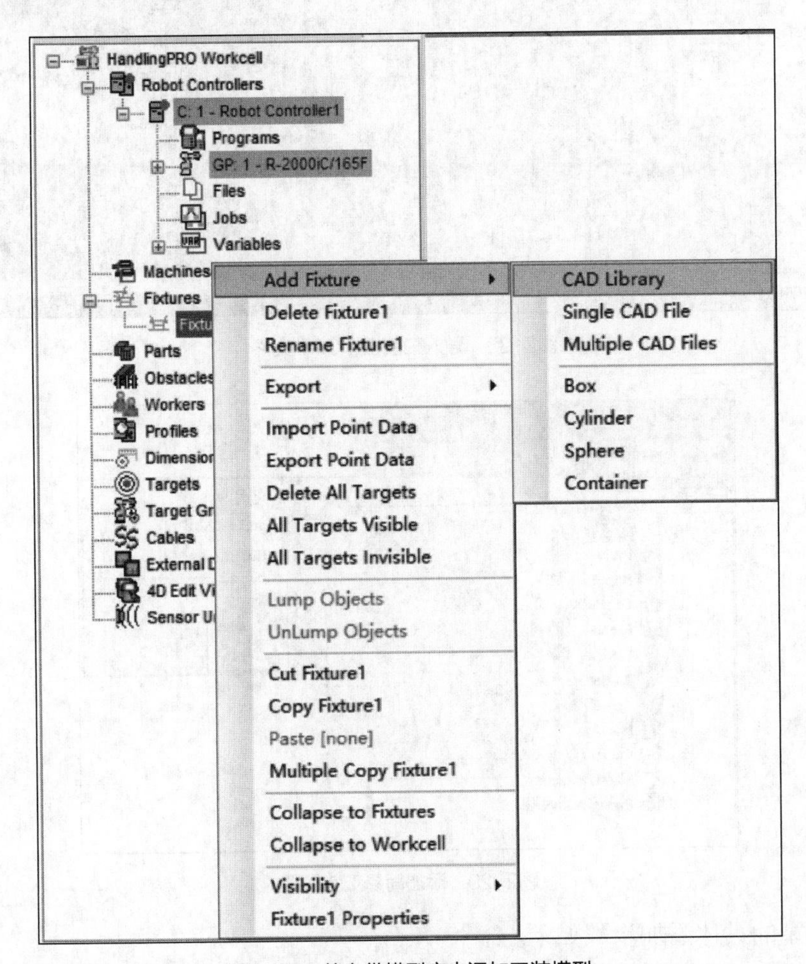

图2-27 从自带模型库中添加工装模型

单个CAD文件【Single CAD File】选项和多个CAD文件【Multiple CAD Files】选项用于加载由其他三维软件所导出的三维模型。用户可以选择将多个模型整合为一个整体，若整合为一个整体，则这些模型会将各自的原点坐标系重合。导入工装模型CAD文件如图2-28所示。

可以直接添加的简易三维模型仅有Box、Cylinder和Sphere 3种，如图2-29所示。这3种模型以默认的尺寸载入，用户可根据需要进行修改。

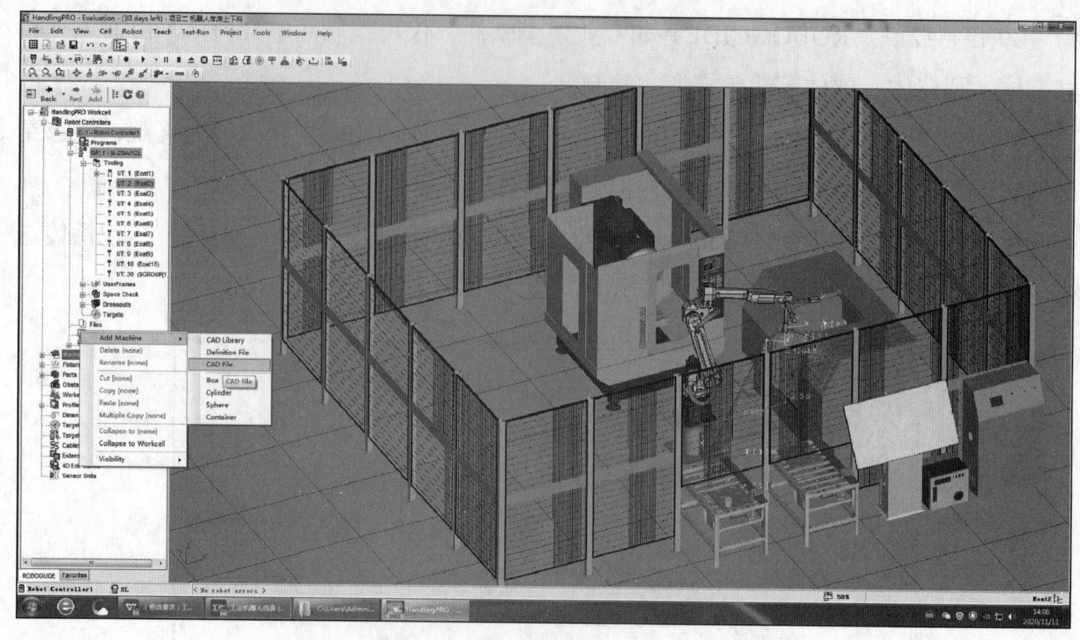

图2-28　导入工装模型CAD文件

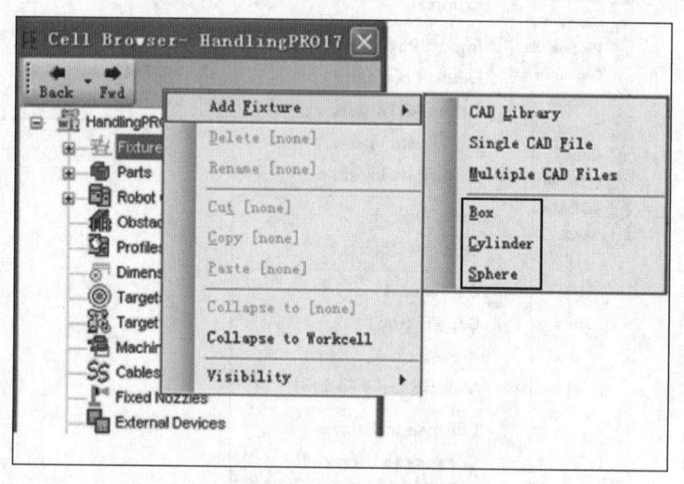

图2-29　添加简易工装模型

工装模型的具体添加步骤如下。

（1）从自带模型库中添加。打开导航目录【Cell Browser】，右击工装【Fixtures】选项，选择添加工装模型【Add Fixture】选项，选择模型库【CAD Library】选项，单击工装【Fixtures】下的传送线【conveyer】出现图2-30所示画面。

ROBOGUIDE软件的自带模型设有默认尺寸。在仿真过程中，工装模型尺寸可以根据现场或与机器人匹配程度进行调整，支持手动输入尺寸倍数。同时，可将鼠标指针移至工装模型绿色坐标系上，按住鼠标左键将其拖动到合适位置，也可手动输入位置坐标信息。打开导航目录【Cell Browser】，单击工装【Fixtures】选项，双击【Container_

Chute】选项，打开属性界面，勾选锁定所有位置值【Lock All Location Values】选项，锁定工装模型摆放位置，单击应用【Apply】按钮确认，防止误操作使工装模型移动，如图2-31所示。

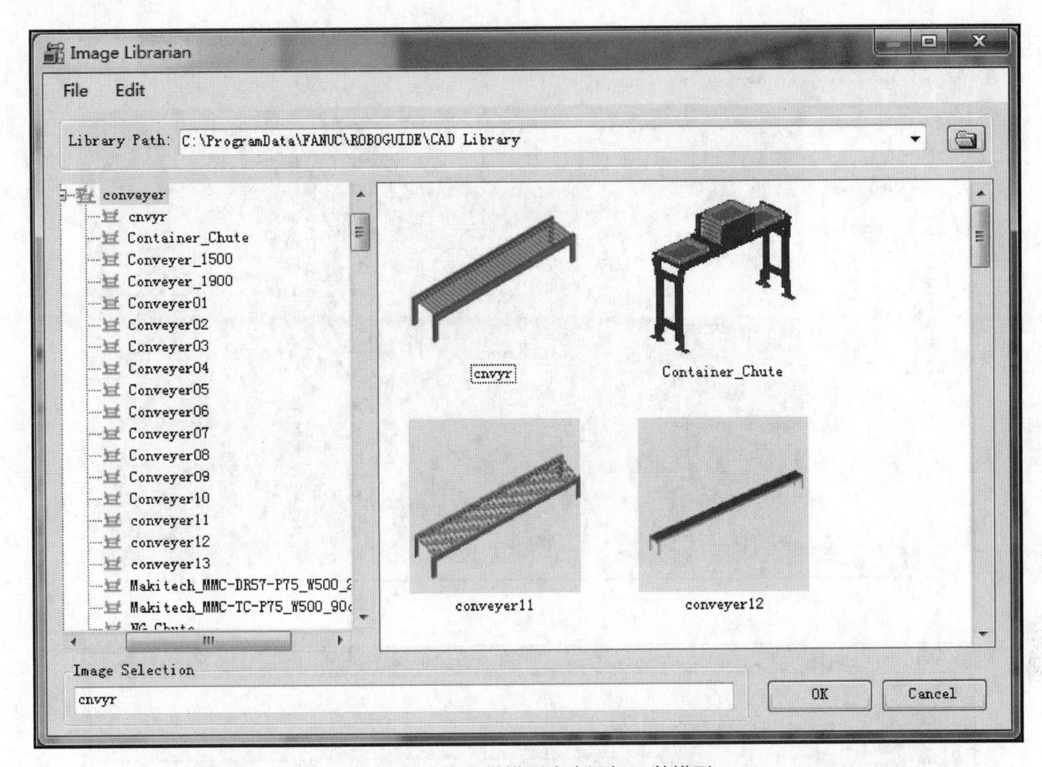

图2-30　从自带模型库中添加工装模型

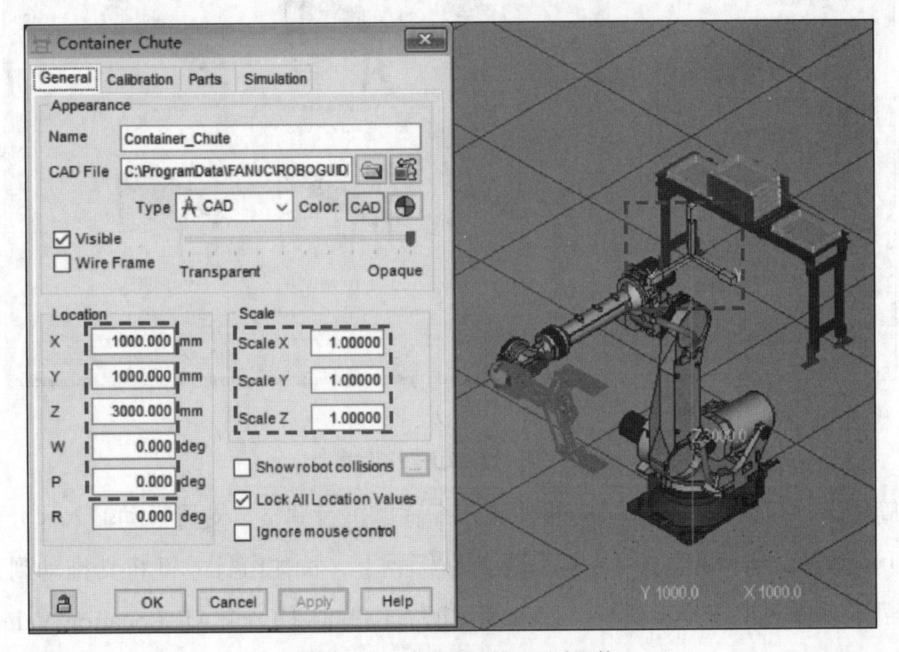

图2-31　工装模型添加及尺寸调整

（2）从外部模型库中导入。打开导航目录【Cell Browser】，右击工装【Fixtures】选项，选择添加工装模型【Add Fixture】，选择多个CAD文件【Multiple CAD Files】选项，选择建好的直线滚筒线模型，如图2-32所示。

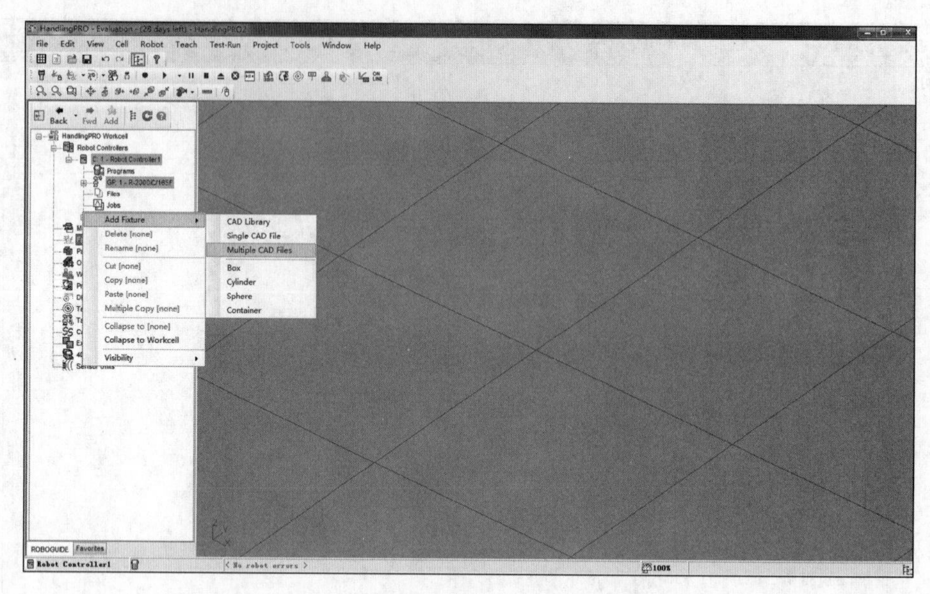

（a）

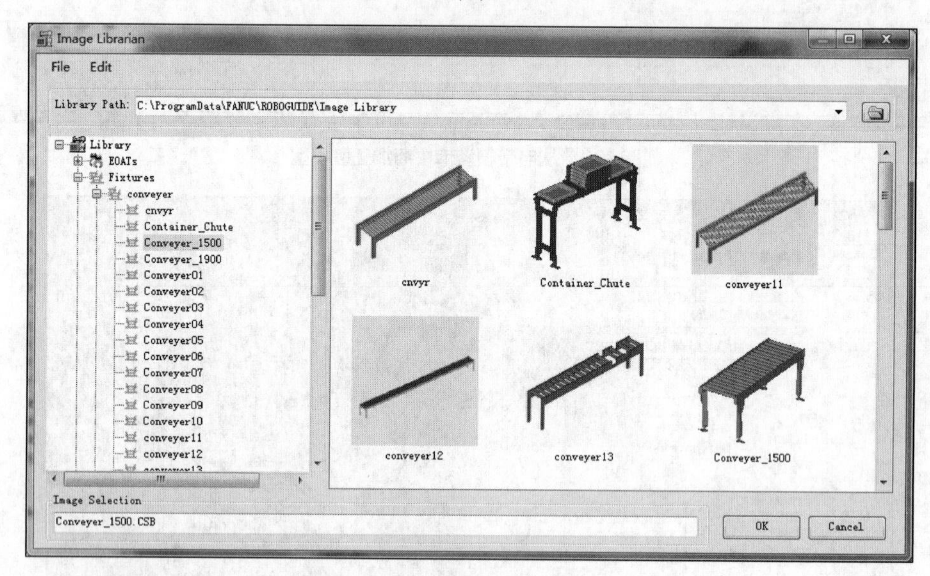

（b）

图2-32 选择直线滚筒线模型

滚筒线尺寸可以根据现场或与机器人匹配程度进行调整，支持手动输入尺寸倍数。同时，可将鼠标指针移至滚筒线模型绿色坐标系上，按住鼠标左键将其拖动到合适位置，也可手动输入位置坐标信息。勾选锁定所有位置值【Lock All Location Values】选项，锁定滚筒线模型摆放位置，单击应用【Apply】按钮确认，防止误操作使滚筒线模型移动，如图2-33所示。

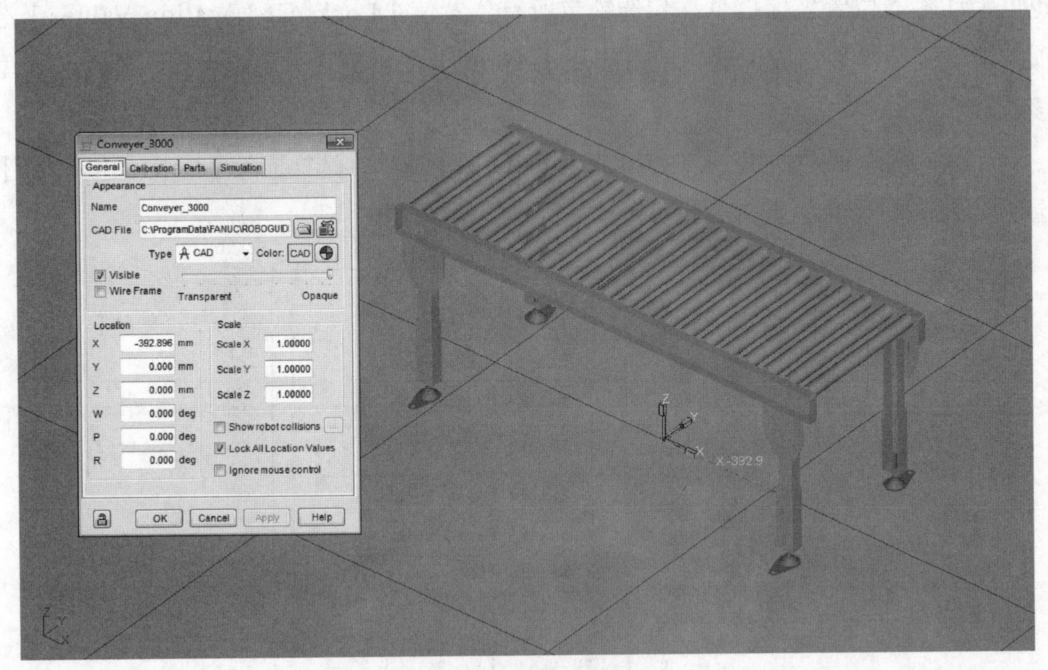

图2-33 滚筒线模型位置设置

（3）自行绘制。打开导航目录【Cell Browser】，右击工装【Fixtures】选项，选择绘制圆柱体【Cylinder】选项，如图2-34（a）所示。视图窗口中机器人正上方出现圆柱体模型，可在工装【Fixtures】选项的常规【General】选项卡中设置模型的长度和直径，ROBOGUIDE软件中尺寸单位默认为mm，如图2-34（b）所示。

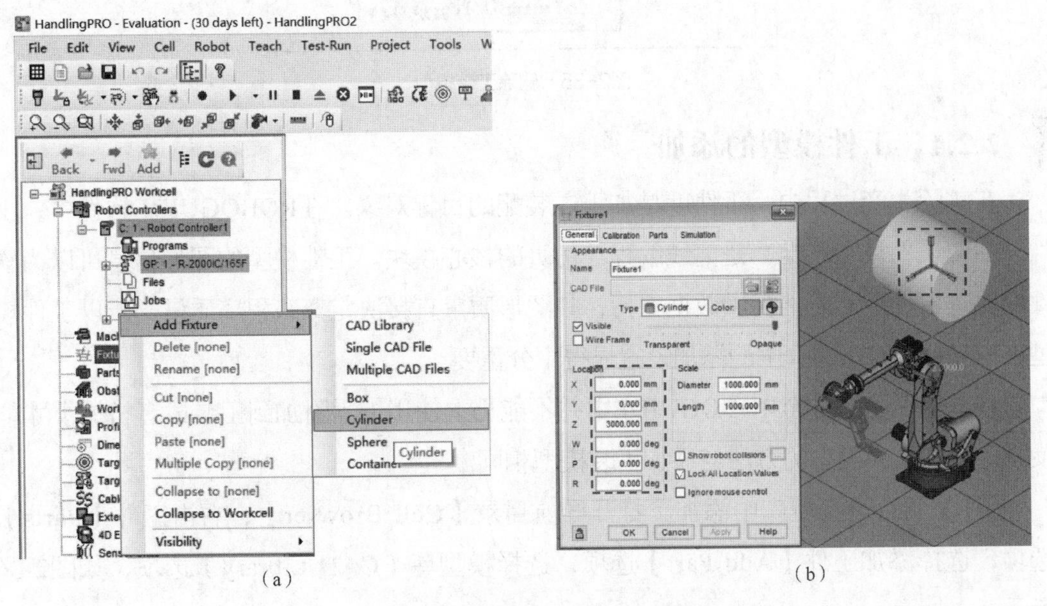

（a） （b）

图2-34 工装模型绘制及尺寸调整

可将鼠标指针移至工装模型绿色坐标轴上，按住鼠标左键将其拖动到合适位置，也可手动输入位置坐标信息。勾选锁定所有位置值【Lock All Location Values】选项，锁定工装模型摆放位置，单击应用【Apply】按钮确认，防止误操作使工装模型移动。

若需要删除工装模型，可右击工装【Fixtures】选项，选择删除【Delete Fixture1】选项，如图2-35所示。此外，也可对其进行复制粘贴操作。

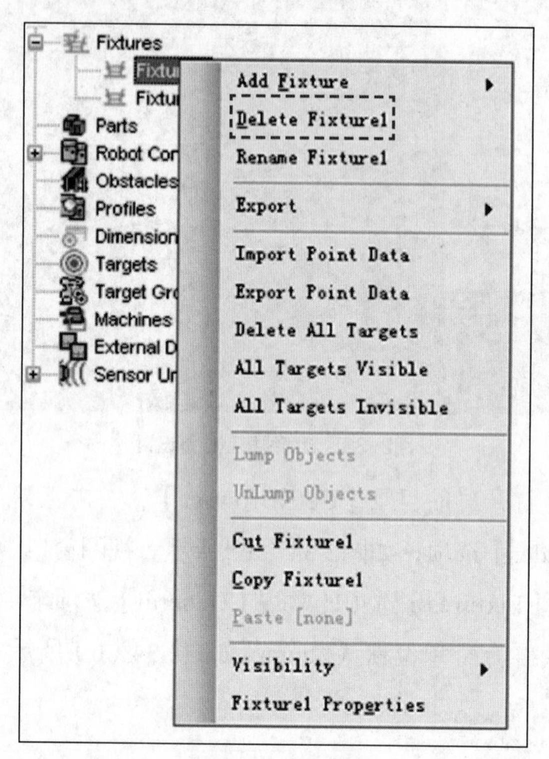

图2-35 删除工装模型

2.2.4 工件模型的添加

在实际生产过程中，工件就是加工、装配的目标对象。在ROBOGUIDE软件中，工件功能由工件模型承担，是离线编程与仿真的核心模块。工件模型的图形信息可以为软件的轨迹自动规划功能提供数据支持，其图形质量直接决定离线程序质量，所以工件模型在ROBOGUIDE仿真中的添加设置显得十分重要。

将工件模型添加至ROBOGUIDE中并不能马上使用，需附加到工装或者机械上才能使用。添加工件模型的方法与添加工装模型相同。

（1）从自带模型库中添加。打开导航目录【Cell Browser】，右击工件【Parts】选项，选择添加工件【Add Part】选项，选择模型库【CAD Library】选项，如图2-36所示。

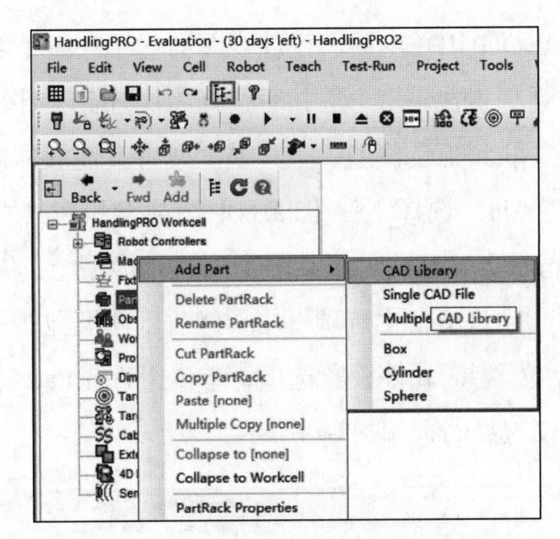

图2-36　从自带模型库中添加工件模型

在模型库中选择需要的工件模型，如图2-37所示。

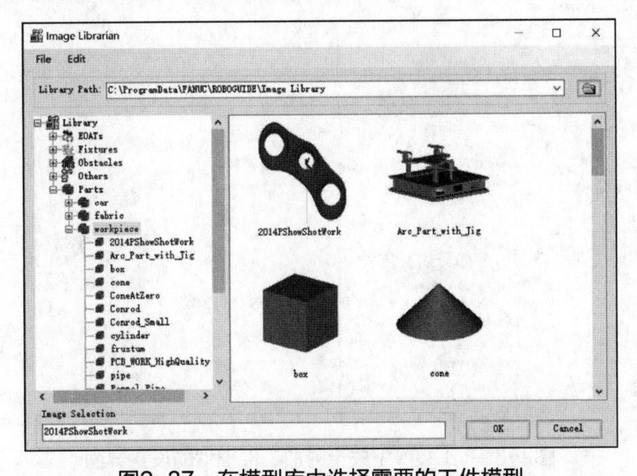

图2-37　在模型库中选择需要的工件模型

选定工件模型后，根据需要进行工件模型质量及尺寸等参数的设置，如图2-38所示。

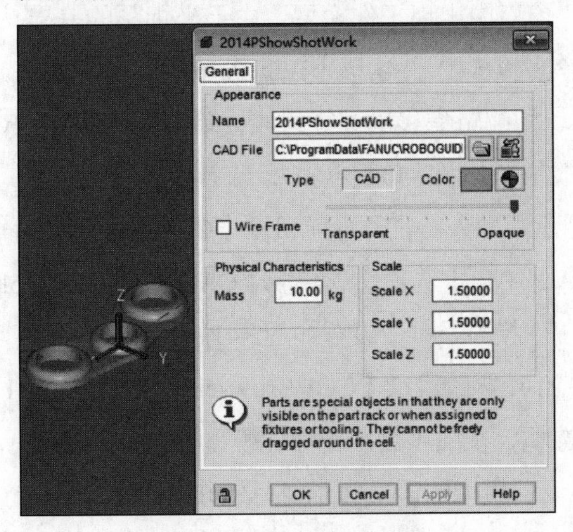

图2-38　工件模型参数设置

工件模型添加到ROBOGUIDE中后，工件视图会显示在一个灰色的长方体上，此时工件模型还不能使用。添加工件模型之后，可选择将添加此工件模型的工装模型或者机械模型。工件模型必须关联到工装模型、工具模型或者其他载体模型上才能进行仿真。右击工装选项打开属性界面，选择工件【Parts】选项卡，在其左侧勾选需要附加的工件模型，单击应用【Apply】按钮即可将其附加到工装模型上，并且它们的原点坐标重合。编辑工件偏移【Edit Part Offset】选项可用于修改工件模型在工装模型上的位置。

右击之前创建的工装模型的属性设置选项，单击工件【Parts】选项卡，出现工装模型关于附加工件模型的设置界面，如图2-39所示。

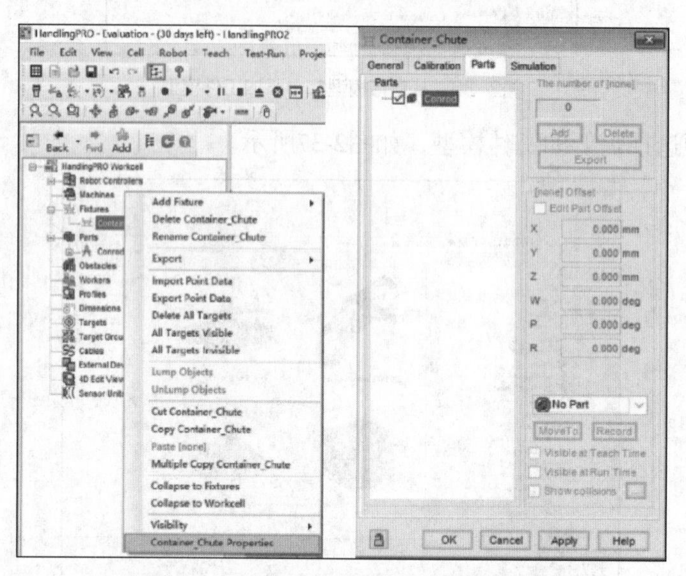

图2-39　工装模型关于附加工件模型的设置界面

在空白区域的列表中，勾选之前从模型库中添加、创建的工件模型，单击应用【Apply】按钮确认，窗口中出现工件模型。由于坐标系的差异，工件模型与工装模型的位置会出现偏差，勾选编辑工件偏移【Edit Part Offest】选项，编辑设置工件偏移位置。通常采用直接拖动和编辑偏移量进行纠偏，单击应用【Apply】按钮确认，工装模型与工件模型纠偏后的位置如图2-40所示。

（2）从外部模型库中导入。打开导航目录【Cell Browser】，右击工件【Parts】选项，选择添加工件【Add Part】选项，选择多个CAD文件【Multiple CAD Files】选项，从外部模型库中导入工件模型及参数设置如图2-41所示。

（3）自行绘制。打开导航目录【Cell Browser】，右击工件1【Part1】选项，选择绘制球体【Sphere】选项，视图中会出现球体模型，如图2-42所示，可在工件窗口常规【General】选项卡中设置模型的质量和半径，ROBOGUIDE中默认尺寸单位为mm，默认质量单位为kg。

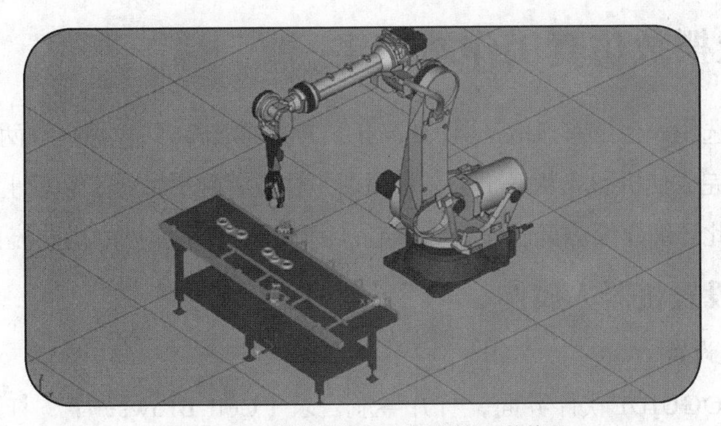

图2-40　工装模型与工件模型纠偏后的位置

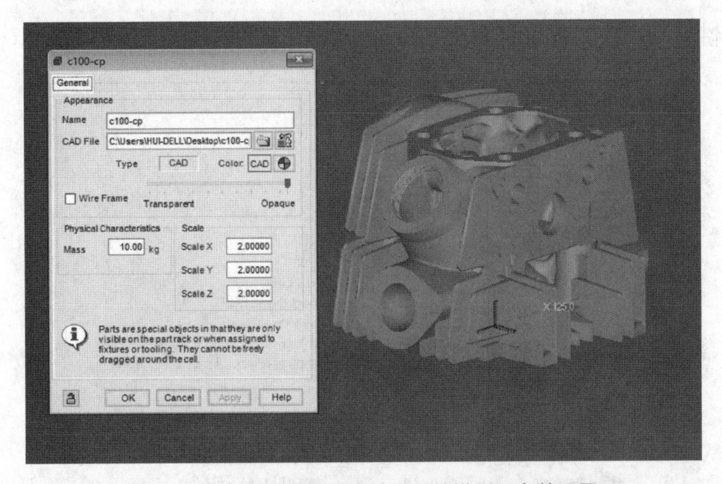

图2-41　从外部模型库中导入工件模型及参数设置

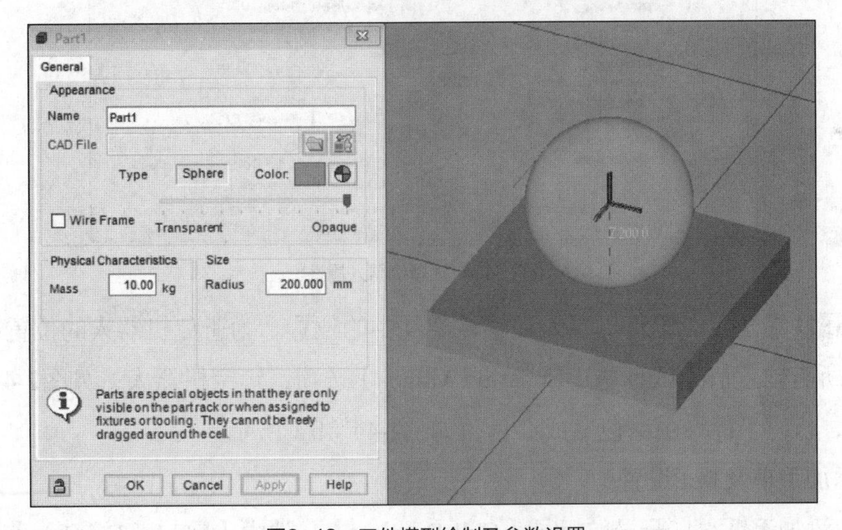

图2-42　工件模型绘制及参数设置

通过学习机器人、工具、工装、工件4种模型的创建、添加与设置，读者应掌握了仿真工作站搭建的基本步骤。

2.3 抓取摆放仿真工作站搭建

本节通过选用一台带有抓取工具的FANUC R-2000iC/165F机器人、两个放置工件的矩形工装板，完成使机器人从一个工装板抓取工件放置到另一个工装板上的仿真动作程序的编写，以此详细介绍仿真过程需要设定的参数及仿真工作站的搭建流程。

2.3.1 设置机器人属性

1. 机器人设置

进入ROBOGUIDE软件界面，打开导航目录【Cell Browser】，打开机器人属性界面，双击机器人控制【Robot Controller1】选项，选中机器人，右击选择GP:1-R-2000iC/165F属性【GP:1-R-2000iC/165F Properties】选项，如图2-43所示。

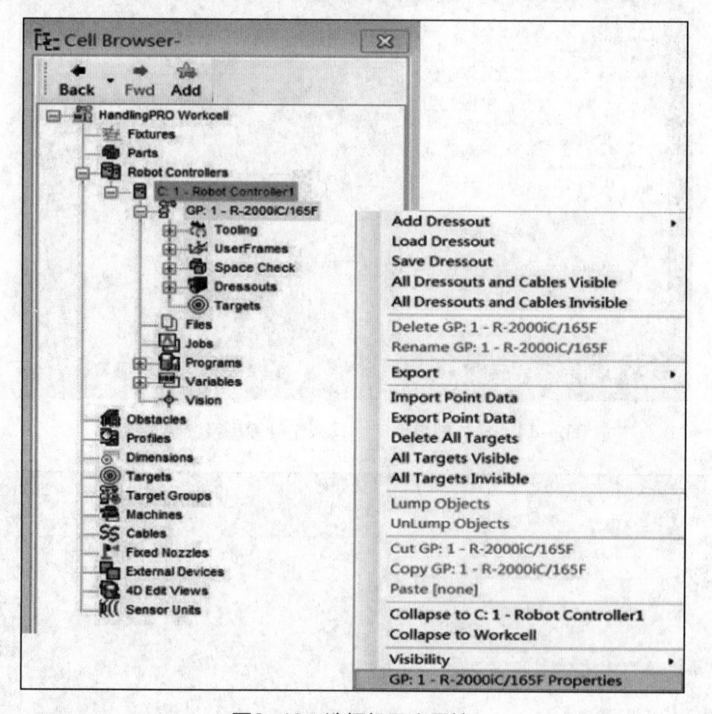

图2-43 选择机器人属性

打开属性界面后，调整机器人在软件空间中的位置。为避免机器人的位置被移动，勾选锁定所有位置值【Lock All Location Values】选项，锁定机器人，如图2-44（a）所示。此时，机座坐标系由绿色变成红色，如图2-44（b）所示。

2. 添加手爪及TCP设置

（1）添加手爪。打开导航目录【Cell Browser】，选中【UT:1（Eoat1）】选项，右击该工具，选择机械手末端工具1属性【Eoat1 Properties】选项，如图2-45所示。

进入软件自带的模型库，从模型库里选取手爪工具36005f-200，如图2-46所示。

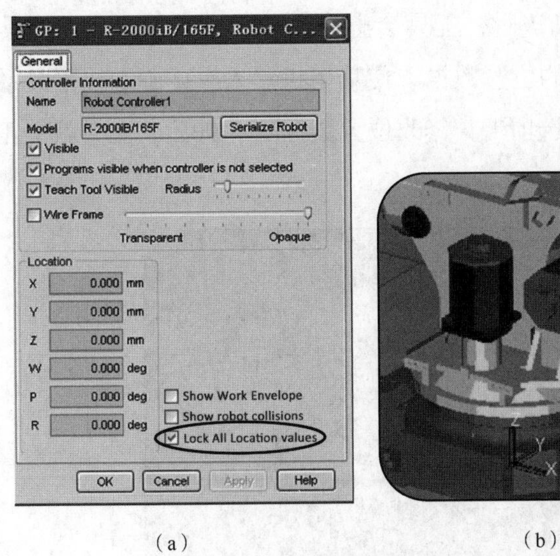

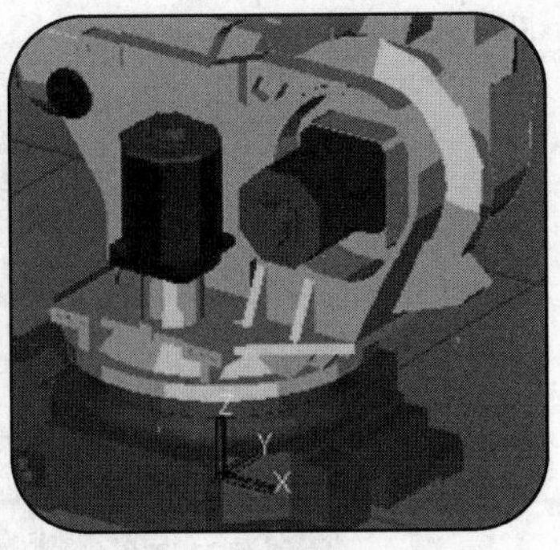

（a） （b）

图2-44 锁定所有位置值

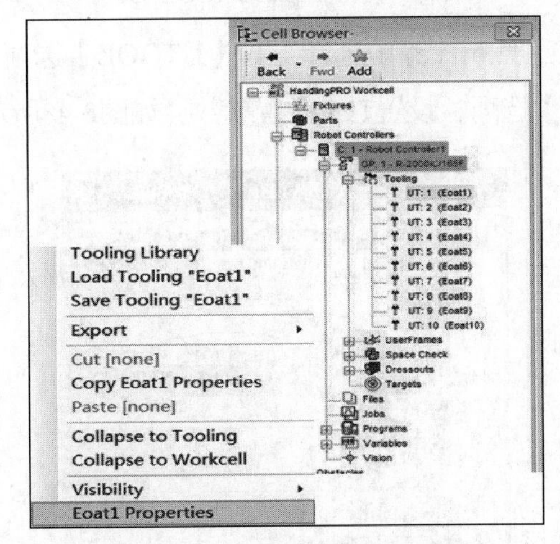

图2-45 机器人手爪属性设置

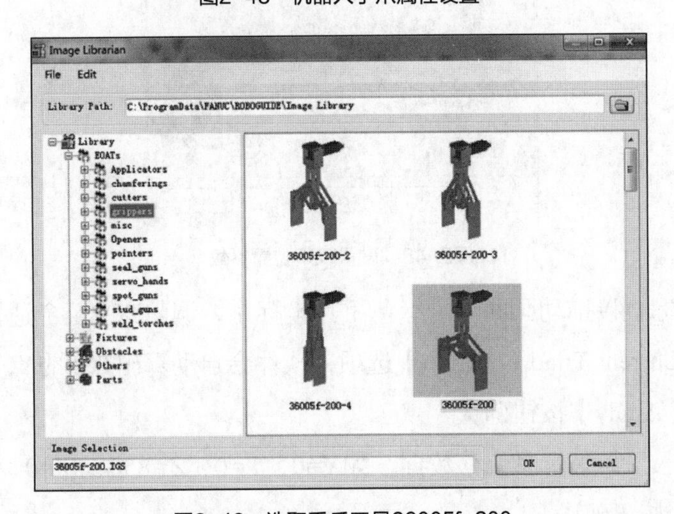

图2-46 选取手爪工具36005f-200

单击确定【OK】按钮确认后，工具会出现在机器人手部末端。工具没有出现在正确的位置时，需要修改工具的位置数据，使其与机器人有正确的位置关系。在工具属性界面中选择常规【General】选项卡，修改位置数据*W*=−90后，工具就能正确安装在机器人法兰盘上了，如图2-47所示。

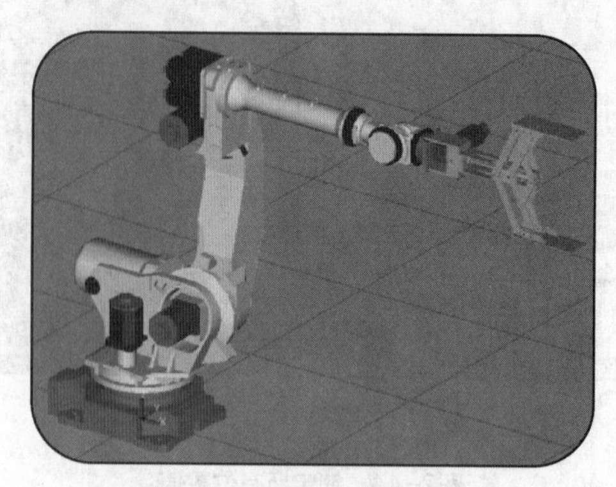

图2-47　调整后的手爪安装位置

（2）TCP设置。在工具属性界面选择工具【UTOOL】选项卡，在其中勾选编辑工具坐标系【Edit UTOOL】选项，设置TCP位置参数，如图2-48所示。

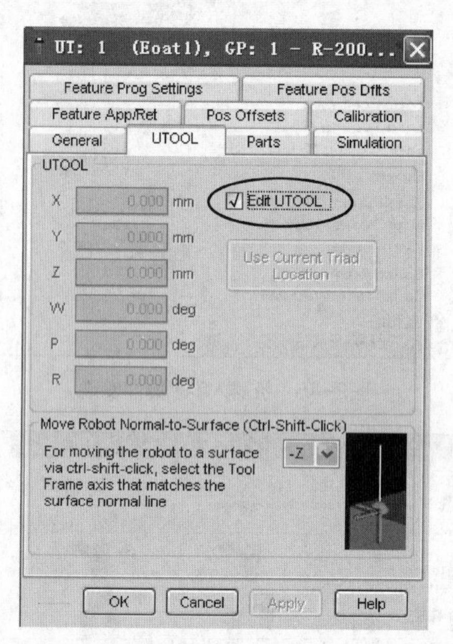

图2-48　设置TCP位置参数

可以使用鼠标直接拖动画面中的绿色工具坐标系，调整TCP至合适位置。选择使用当前位置【Use Current Triad Location】选项，软件会自动算出TCP的*X*、*Y*、*Z*、*W*、*P*、*R*值，单击应用【Apply】按钮确认。

也可直接输入工具坐标系偏移数据，如*X*=0、*Y*=0、*Z*=850、*W*=0、*P*=0、*R*=0，单击应用【Apply】按钮确认。

完成设置后的手爪状态如图2-49所示。

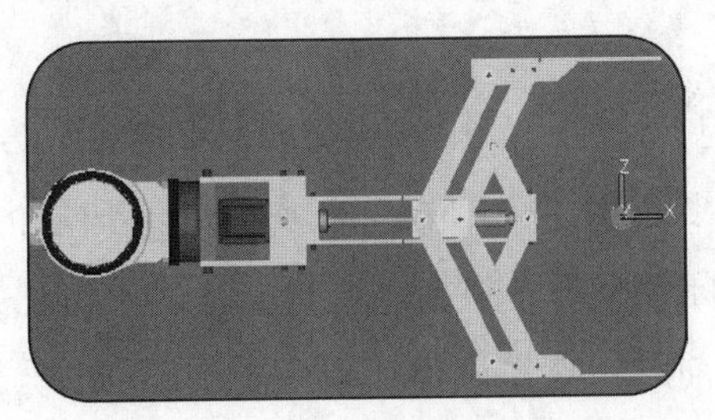

图2-49　完成设置后的手爪状态

2.3.2　添加工件

添加抓取和摆放的工件仿真的基本步骤如下。

（1）添加一个工件。首先，在导航目录【Cell Browser】，选择工件【Parts】选项，选择添加工件【Add Part】→立方体【Box】选项，如图2-50所示。

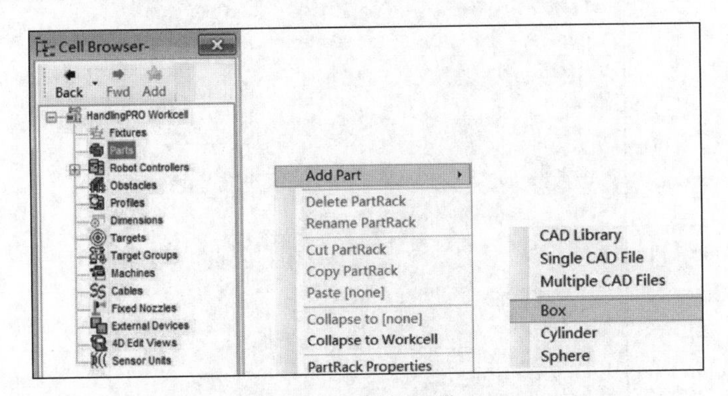

图2-50　添加工件

然后，在所出现的工件属性界面中，输入工件的尺寸参数X=150、Y=150、Z=200，单击应用【Apply】按钮确认，参数设置及创建后的工件如图2-51所示。

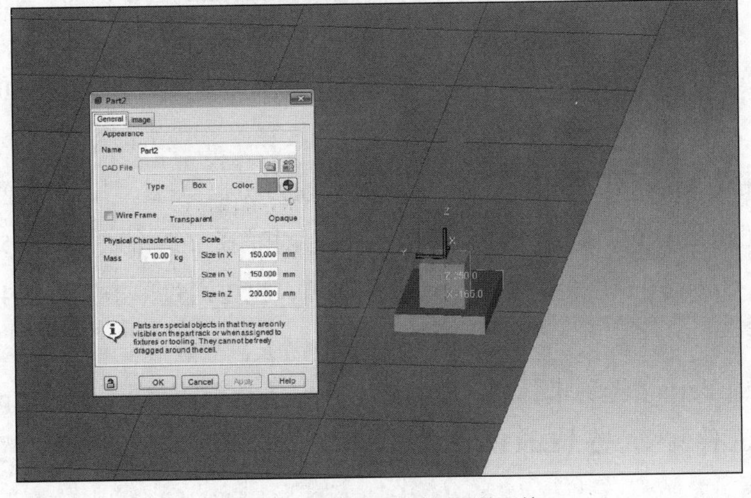

图2-51　参数设置及创建后的工件

注意：将工件添加到ROBOGUIDE中并不能马上生效，需附加到工装上才能使用。

（2）定义在工具上的工件方向。用ROBOGUIDE软件做仿真时，经常需要模拟焊枪或者手爪打开和闭合，若要实现这个功能，必须事先准备两个相同的焊枪或手爪，通过三维软件将其中一个调成闭合状态，将另一个调成打开状态。

以手爪为例，按照之前的步骤先调整其中一个手爪，打开和闭合调入的先后顺序由用户自定义，调整后，单击仿真【Simulation】选项卡。

在功能【Function】下拉列表中，选择手爪夹紧【Material Handing-Clamp】选项，如图2-52所示。

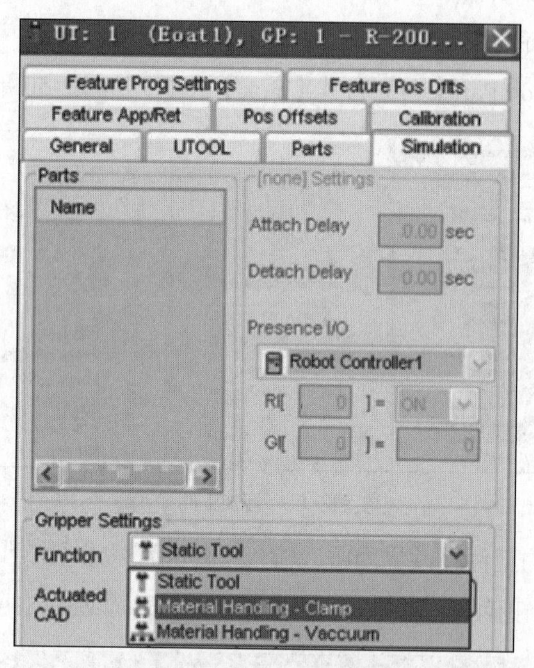

图2-52 手爪夹紧状态设置

在激活模型【Actuated CAD】文本框中，将关闭状态的工具模型36005f-200进行加载。

单击应用【Apply】按钮后，工具会被加载到机器人上，用户可通过单击打开【Open】按钮和关闭【Close】按钮，模拟工具打开和闭合的功能，如图2-53所示。除了可单击打开【Open】按钮和关闭【Close】按钮外，也可通过单击工具栏中的按钮来实现上述功能。

选择工件【Parts】选项卡，在其中勾选【Part1】选项，单击应用【Apply】按钮确认。勾选编辑工件偏移位置【Edit Part Offset】选项，定义工件在工具上的位置和方向，如图2-54所示。

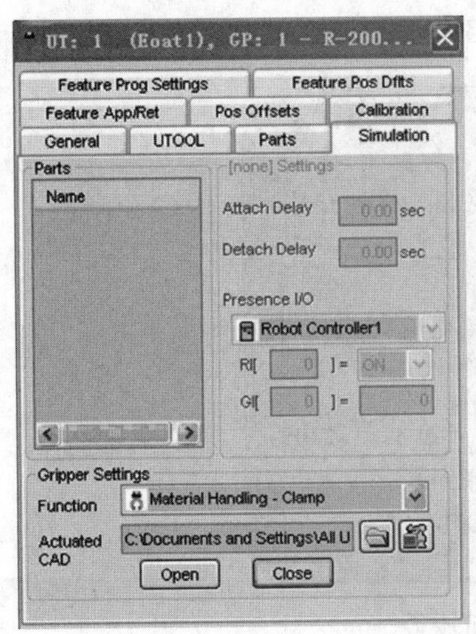

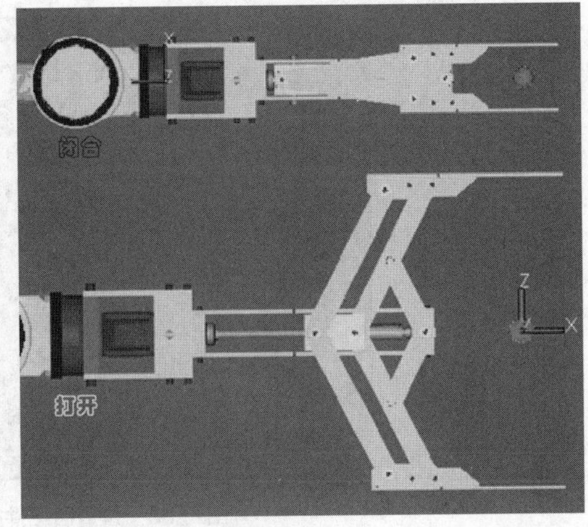

图2-53　手爪打开和闭合状态设置

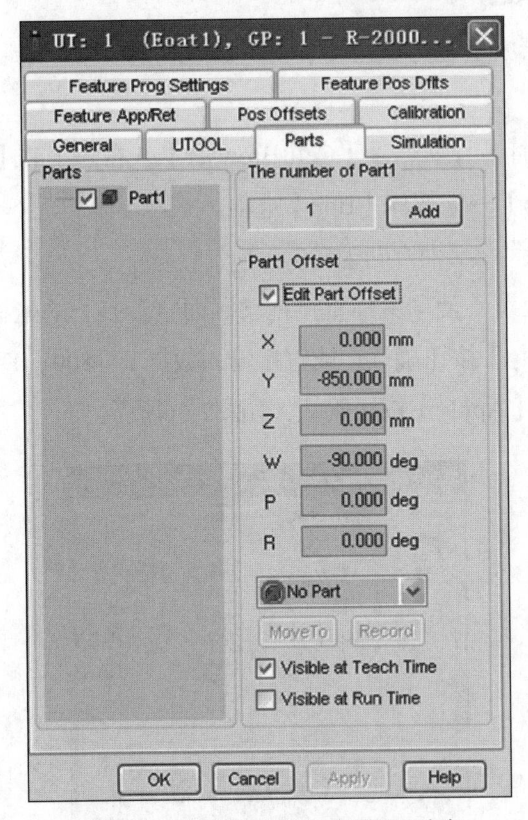

图2-54　定义工件在工具上的位置和方向

工件位置设置方法如下。

使用鼠标可直接拖动画面中工件上的坐标系，将其调整至合适位置，单击应用【Apply】按钮确认。也可以如图2-54所示，直接输入偏移数据X=0、Y=−850、Z=0、W=−90、P=0、R=0，单击应用【Apply】按钮确认。

设置工件的位置和方向后，工件状态如图2-55所示。

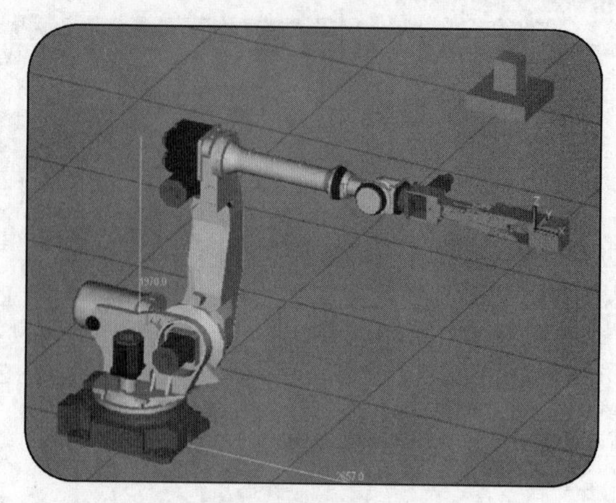

图2-55　设置后工件的状态

2.3.3　添加工装

创建抓取工装和摆放工装仿真的基本步骤如下。

1. 创建抓取工装

（1）新建工装。打开导航目录【Cell Browser】，右击工装【Fixtures】选项，选择添加工装【Add Fixture】→立方体【Box】选项。

设置抓取工装的大小：Z轴方向为500。

确认抓取工装的位置：使用鼠标直接拖动画面中工装上的坐标系，将其调整至合适位置，单击应用【Apply】按钮确认；或直接输入数据X=1500、Y=0、Z=500、W=315、P=0、R=0，单击应用【Apply】按钮确认，如图2-56所示。

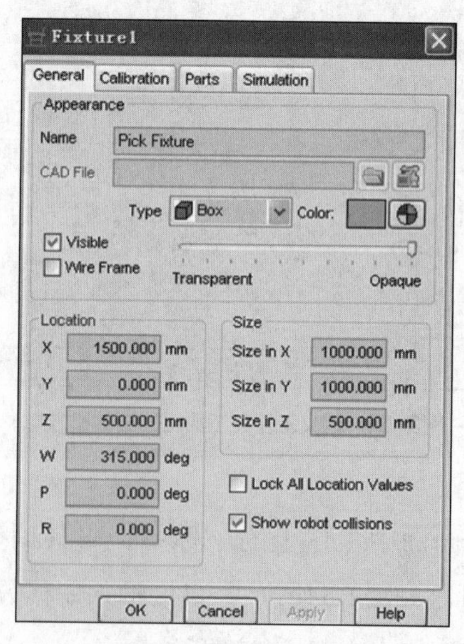

图2-56　抓取工装的位置设置

如需修改抓取工装的名称和颜色，可在常规【General】选项卡中修改，如图2-57所示。至此，完成抓取工装的创建。

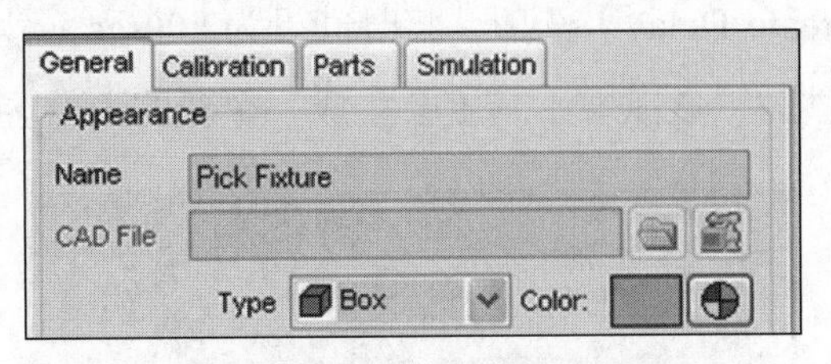

图2-57　修改抓取工装的名称和颜色

创建的抓取工装如图2-58所示。

图2-58　创建的抓取工装

（2）设置抓取工装上工件的参数。将添加的工件关联至抓取工装上，并确定其位置补偿数据，即Z=200，如图2-59所示。

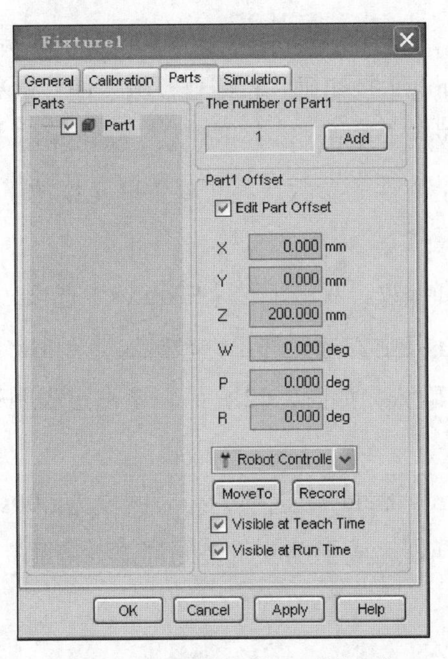

图2-59　设置抓取工装上工件的参数

（3）设置工件的仿真参数。双击工装【Fixtures】选项，出现属性界面，选择仿真【Simulation】选项卡，在其中勾选允许工件被抓取【Allow part to be picked】选项。

修改创建延迟【Create Delay】选项，将时间设为2.00sec（秒），如图2-60所示。该设定表明工件被抓取2秒后，该抓取工装上会生成一个新的工件。

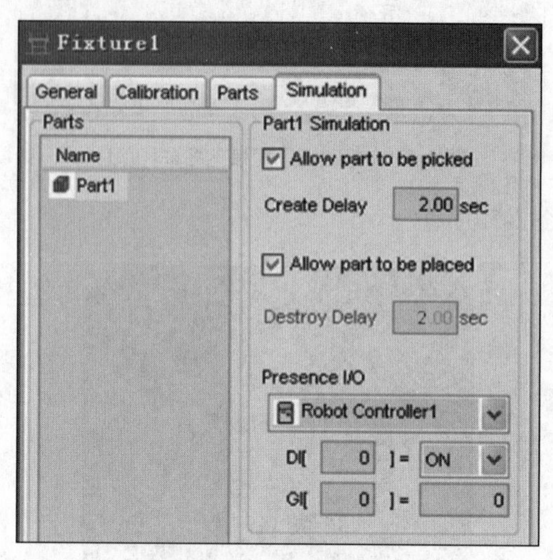

图2-60　设置参数

2. 创建摆放工装

（1）新建工装。打开导航目录【Cell Browser】，右击工装【Fixtures】选项，选择添加工装【Add Fixture】→立方体【Box】选项。

设置摆放工装的尺寸：X=1000，Y=1000，Z=750。

设置摆放工装的位置：使用鼠标直接拖动画面中摆放工装上的坐标系，将其调整至合适位置，单击应用【Apply】按钮确认；或直接输入偏移量X=850、Y=1500、Z=750、W=0、P=0、R=0，单击应用【Apply】按钮确认，如图2-61所示。

（2）设置摆放工装上工件的参数。将工件关联至摆放工装，并确定其位置补偿数据，其中Z=200。

（3）设置工件的仿真参数。双击工装【Fixtures】选项，出现属性界面，选择仿真【Simulation】选项卡，在其中勾选允许工件被放置【Allow part to be placed】选项，单击应用【Apply】按钮确认，如图2-62所示。该设定表明这个工装是用于放置摆放工件的。

修改消失延迟【Destroy Delay】选项，将时间设为2.00sec。该设定表明工件被放置2秒后会自动消失。这样就完成了摆放工装的创建。搭建完成后的仿真环境如图2-63所示。

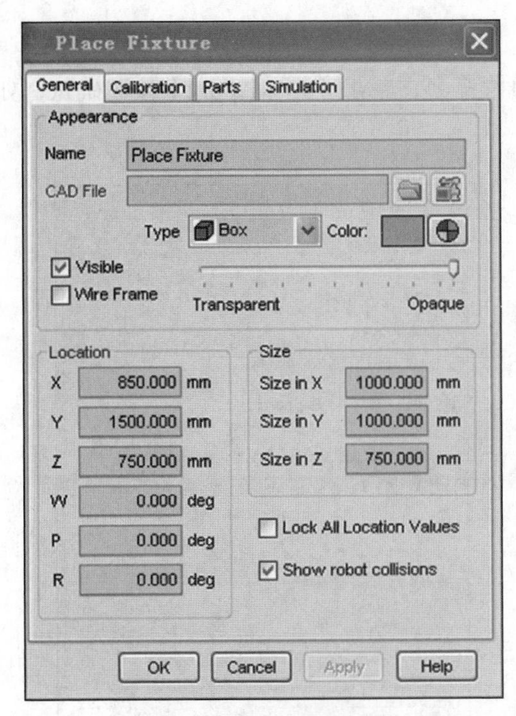

图2-61　摆放工装位置设置

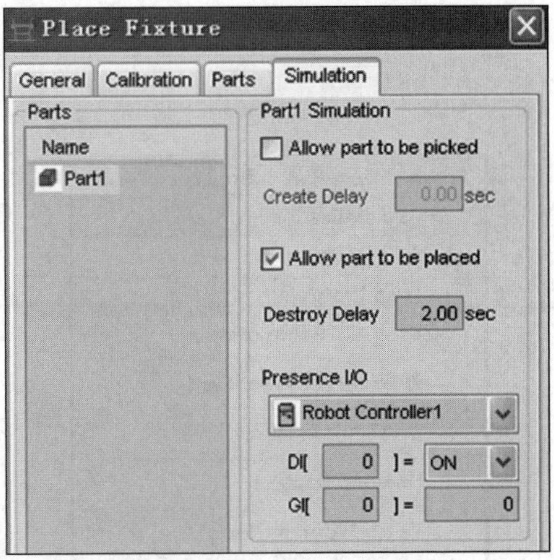

图2-62　定义工件的仿真参数

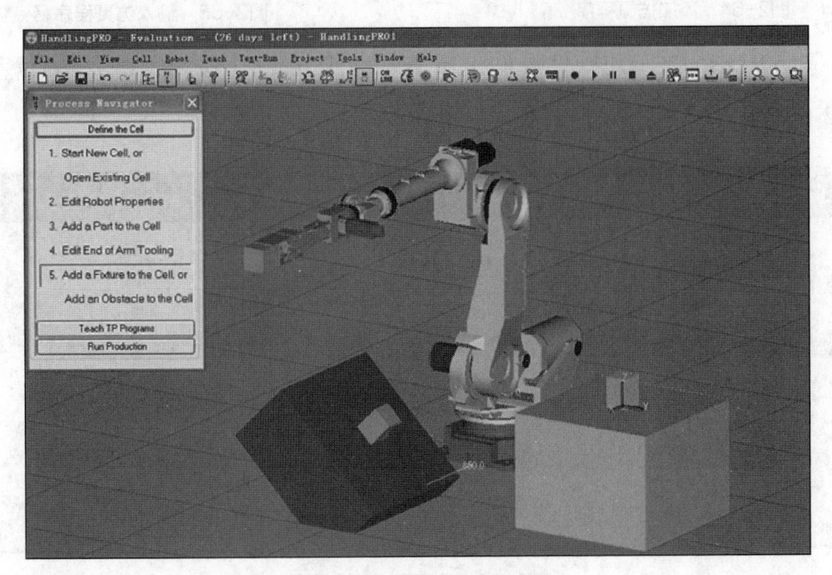

图2-63　搭建完成后的仿真环境

2.3.4　编程

ROBOGUIDE软件编程主要包括两个方面，一是创建仿真程序，二是创建动作程序。最后还要进行程序的测试及运行。

1. 创建仿真程序

（1）进入ROBOGUIDE软件界面，选择示教【Teach】→添加仿真程序【Add

Simulation Program】选项，如图2-64所示。

（2）在命名【Name】文本框中输入仿真程序名，单击应用【Apply】按钮确认，如图2-65所示。

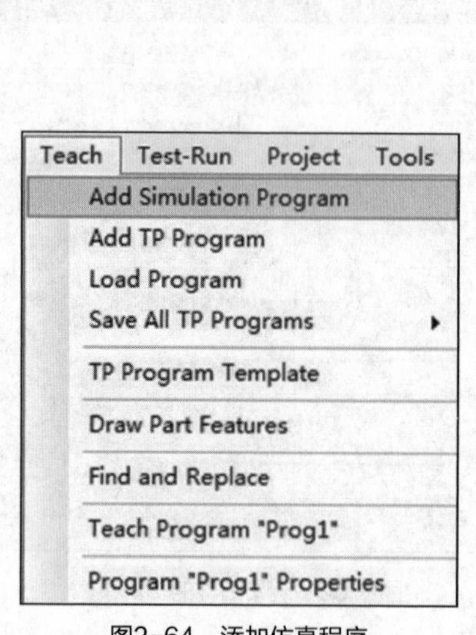

图2-64　添加仿真程序

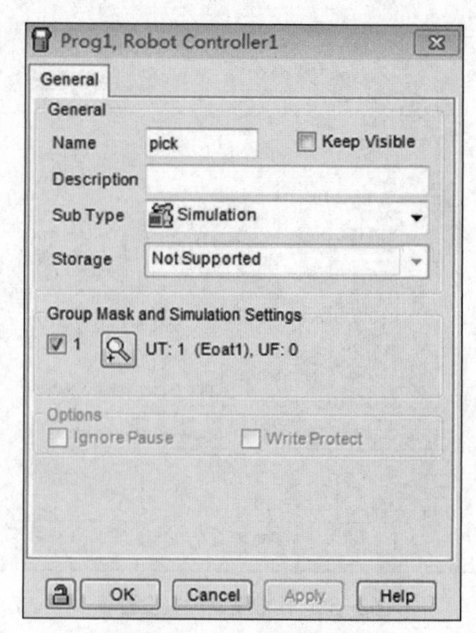

图2-65　输入仿真程序名

（3）进入ROBOGUIDE软件界面，单击示教【Teach】按钮，进入仿真程序编程界面，如图2-66所示。

图2-66　仿真程序编程界面

编辑仿真程序主要使用以下命令。

① 生成动作指令【Record】。

② 修正位置数据【Touchup】。

③ 移动至已记录的位置【MoveTo】。

④ 顺序执行指令【Forward】。

⑤ 逆序执行指令【Backward】。

⑥ 插入控制指令【Inst】。

（4）设置抓取仿真程序。进入抓取仿真程序的编辑界面，在【Pickup】下拉列表中选取工件【Part1】；在【From】下拉列表中选取抓取工装【Pick Fixture】；在【With】下拉列表中选取夹具1【GP:1−UT:1（Eoat1）】，如图2-67所示。

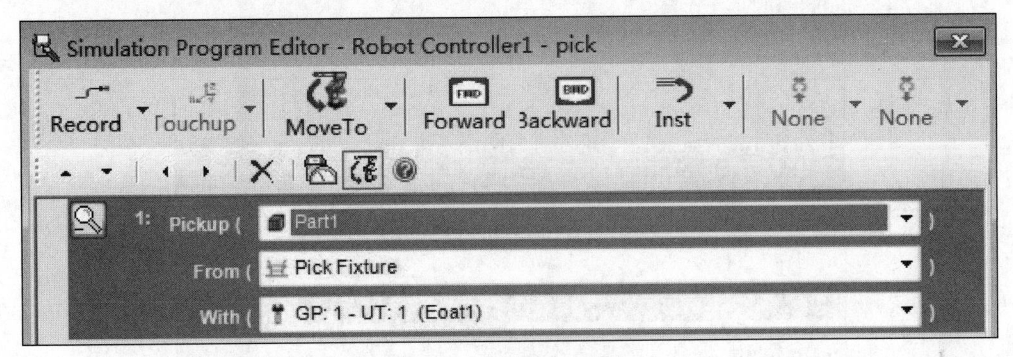

图2−67　抓取仿真程序设置

（5）设置摆放仿真程序。进入摆放仿真程序编辑界面，在【Drop】下拉列表中选取工件【Part1】；在【From】下拉列表中选取夹具1【GP:1−UT:1(Eoat1)】；在【On】下拉列表中选取摆放工装【Place Fixture】，如图2-68所示。

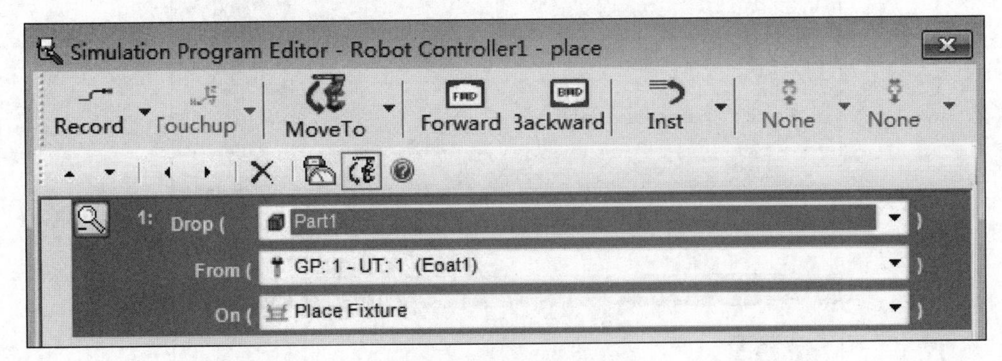

图2−68　摆放仿真程序设置

2. 创建动作程序

（1）单击软件工具栏中的按钮，打开虚拟示教器（TP）。

（2）按虚拟示教器上程序一览【SELECT】按钮，进入显示程序目录界面，如图2-69所示。

（3）选择新建【CREATE】选项，输入程序名，如图2-70所示。

（4）程序名输入完毕后，按虚拟示教器上的编辑【EDIT】选项，进入程序编辑界面，如图2-71所示。

（5）编写动作程序，如图2-72所示。

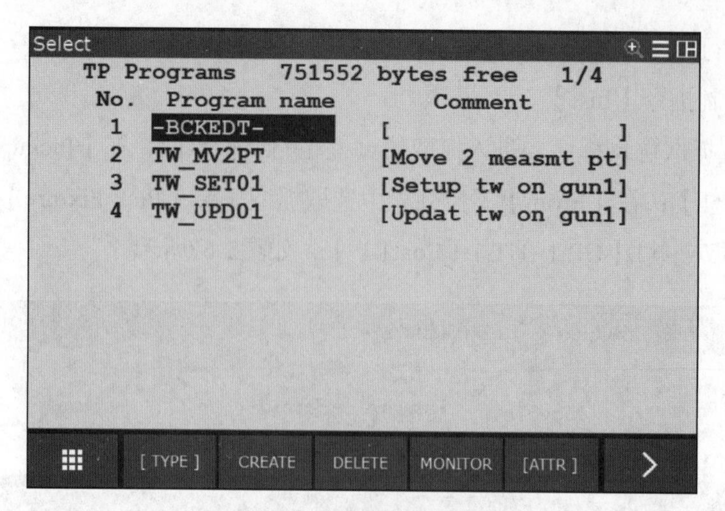

图2-69 显示程序目录界面

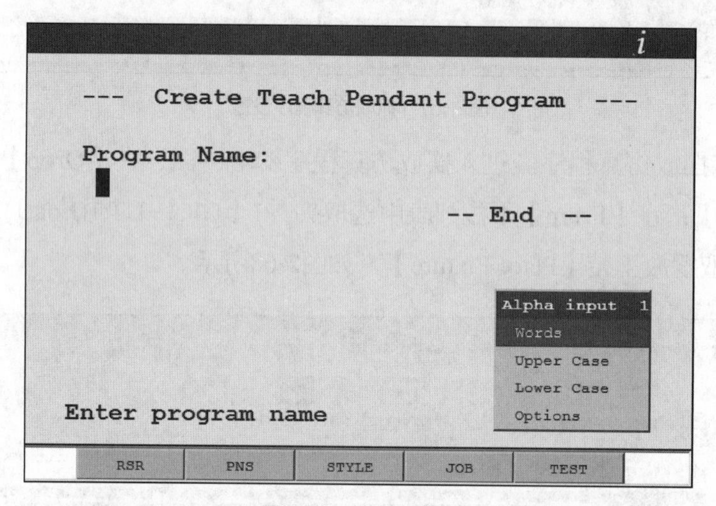

图2-70 输入程序名

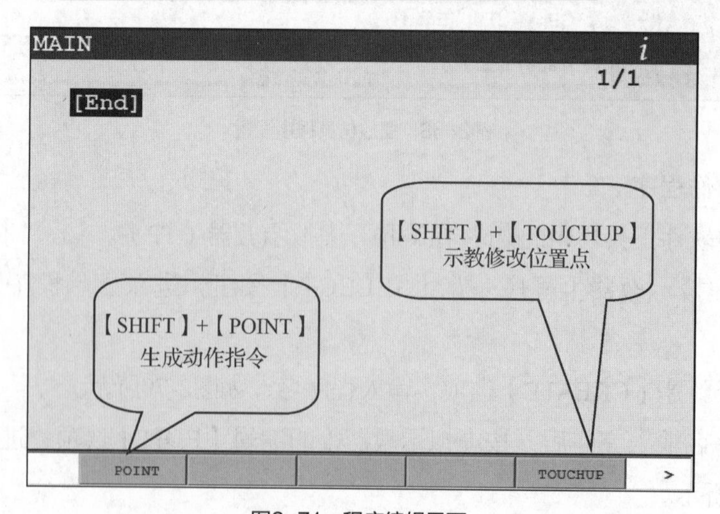

图2-71 程序编辑界面

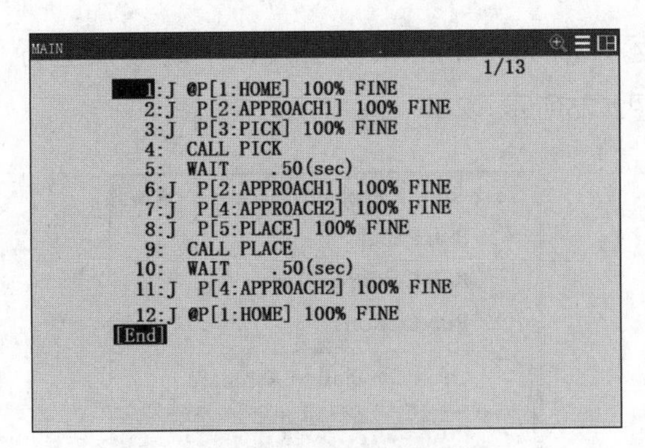

图2-72　编写动作程序

程序解释如下。

1：HOME位置

2：抓取位置接近点

3：抓取点

4：呼叫抓取仿真程序

5：等待0.5秒

6：抓取位置接近点

7：放置位置接近点

8：放置点

9：呼叫摆放仿真程序

10：等待0.5秒

11：摆放位置接近点

12：HOME位置

[结束]

（6）测试程序。单击工具栏中的【运行】按钮，如图2-73所示，即可看到机器人执行抓取和摆放仿真程序，如图2-74所示。

图2-73　工具栏中的【运行】按钮

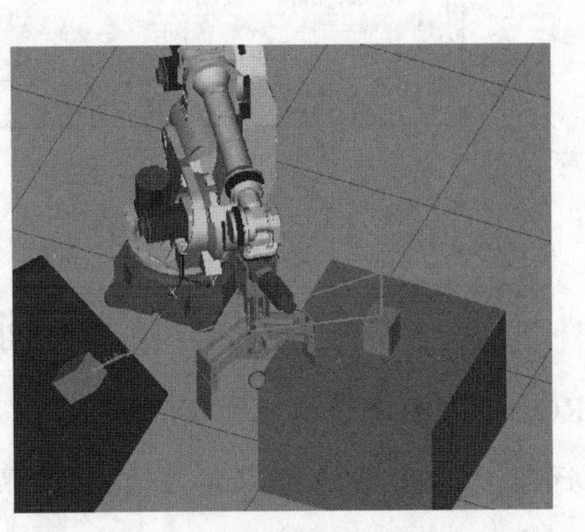

图2-74　机器人执行抓取和摆放仿真程序

（7）查看程序运行简况。单击软件工具栏中的测试运行【Test-Run】→分析【Profiler】选项，如图2-75所示。

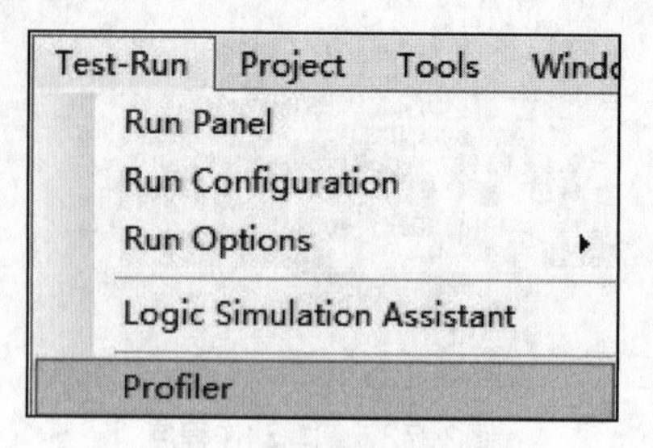

图2-75　查看程序运行简况

通过图2-76、图2-77所示两个界面中的显示信息，可获悉程序运行总时间和各指令的执行时间。

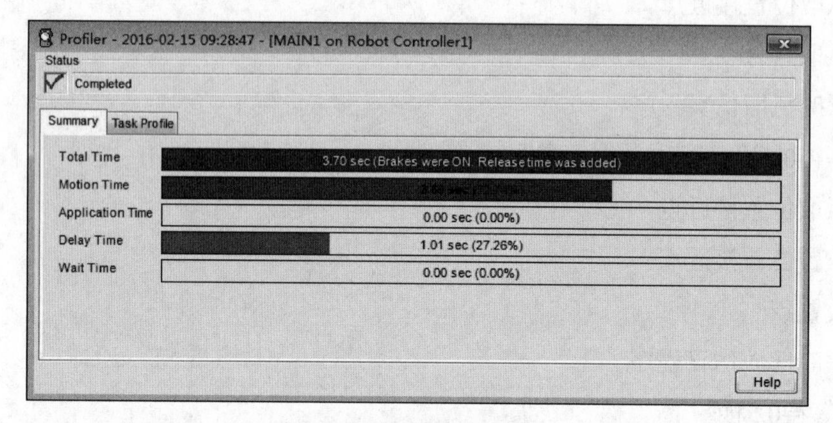

图2-76　程序运行总时间

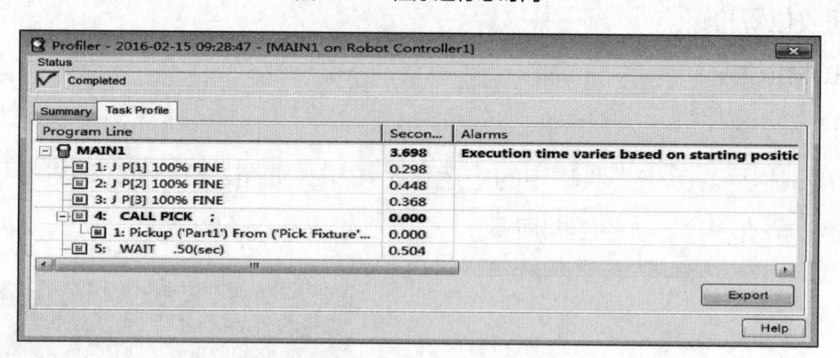

图2-77　各指令的执行时间

小　结

ROBOGUIDE仿真工作站的创建，用户可模拟工作现场来进行创建，也可对预期方案进行研判。本章的内容主要在于熟悉仿真功能模块和相关设备的添加，同时也使各个设备具有可操作性进行仿真。仿真场景中包括工业机器人、工具、工件、工装台以及其他的外围设备等，机器人、工具、工装台和工件是构成机器人工作站不可或缺的部分。

练 习 题

一、填空题

① ROBOGUIDE软件通过绘制或导入________、________、________等模型并进行参数设置，构建虚拟仿真的工作场景，从而模拟真实机器人的工作环境。

② ROBOGUIDE软件中，________、________、________和________是构成工业机器人工作站不可或缺的要素。

③ ROBOGUIDE工程文件中的仿真工作站架构主要包括__________、__________、__________、__________、________、________和________等，每个模块具有不同的功能。

④ ROBOGUIDE软件中，机械模块指的是外部机械装置。机械模块显著的特点就是同机器人模型一样，可实现__________。

⑤ 工件模型是模拟仿真的重要组成部分，在模拟仿真过程中可被设置为加工对象，除了能用于加工和搬运并模拟真实效果外，最重要的是它具有________转化功能。

二、简答题

① 简述EOATs、Fixtures、Machines、Obstacles、Parts在ROBOGUIDE软件仿真过程中的功能作用。

② 简述机器人末端工具TCP的设置方法。

三、实践题

利用ROBOGUIDE软件搭建抓取和摆放的机器人工作站。六轴工业机器人型号：FANUC-M-20iA，负载20kg，工装台自选。

第3章 ROBOGUIDE特殊功能设置

在实际生产中，工业机器人一般需要配备贴合自身性能特点的外围设备，如机器人移动的行走轴、转动工件的回转台、移动工件的移动台等，还要求外围设备的运动和位置控制都需要基座轴和工装轴与工业机器人紧密配合，并具备符合相应要求的精度。针对这样的产品，用户可在ROBOGUIDE软件中进行相应的特殊功能设置（如附加轴添加设置），以满足生产工艺要求。此外，ROBOGUIDE软件还提供了仿真监控Simulator和功能校准Calibration，以方便机器人监控和编程操作。

3.1 附加轴的添加和设置

附加轴指的是除机器人本体外，挂靠在机器人系统下的其他伺服运动系统，其由机器人的伺服控制系统控制。例如，对六轴机器人来说，线性滑轨、伺服焊钳、变位机等如果是由机器人的伺服控制系统控制的，那么可以称这些伺服运动系统为该机器人的附加轴。本节将以机器人行走轴为例，介绍ROBOGUIDE软件中附加轴的添加和设置方法，具体包括行走轴参数设定、行走轴数模创建和信号控制。

3.1.1 行走轴参数设定

在ROBOGUIDE软件中添加附加轴，需要在创建工作单元时，选择相应的组件，具体如下。

① 变位机（H896 Basic Positioner）。

② 与六轴机器人不同组附加轴（H895 Independent Axes）。

③ 与六轴机器人同组附加轴（ Extended Axis Control （J518））。

附加轴具体添加步骤如下。

（1）新建一个工作单元，在第（6）步软件选择时，勾选与六轴机器人同组附加轴【Extended Axis Control（J518）】选项，如图3-1所示。若不进行选择，则在工作单元中将无法进行附加轴参数设定。

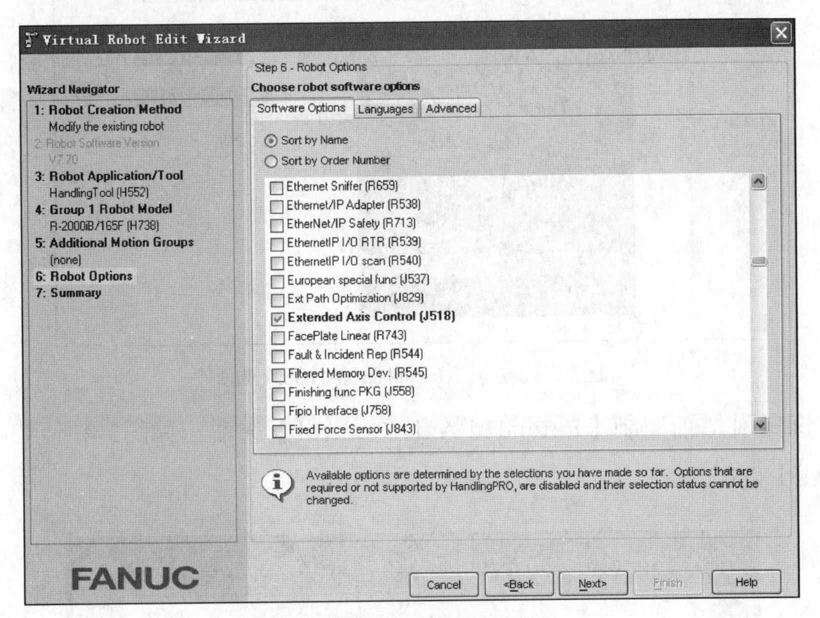

图3-1　选择附加轴类型

（2）打开新建的工作单元后，需要在控制启动【Controlled Start】模式下设置行走轴。进入控制启动【Controlled Start】模式方式如图3-2所示。

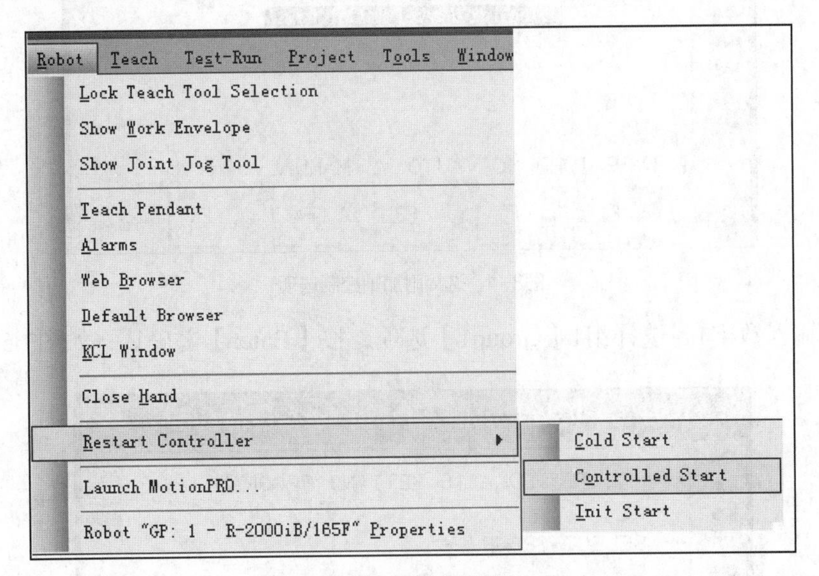

图3-2　进入控制启动模式方式

打开软件界面的工具栏，选择机器人【Robot】→重启控制器【Restart Controller】→控制启动【Controlled Start】选项，机器人准备重启，并弹出示教器（TP）窗口。

（3）打开示教器窗口后，选择菜单【MENU】选项，选择【9 MAINTENANCE】选项，如图3-3所示。

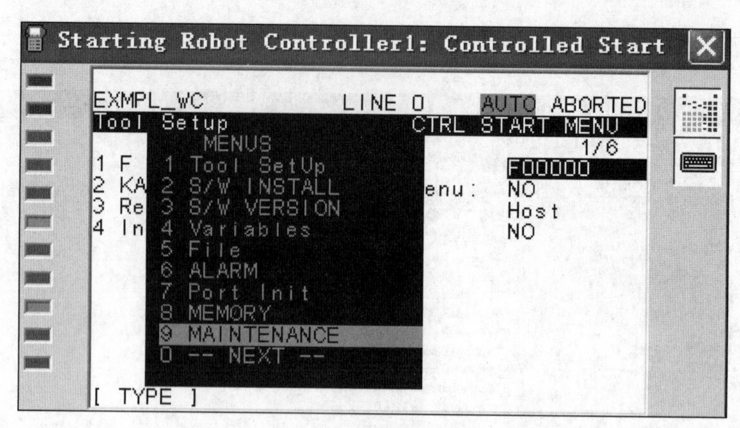

图3-3　选择【9 MAINTENANCE】选项

（4）选择附加轴控制【Extended Axis Control】选项，如图3-4所示，单击手动【MANUAL】选项。

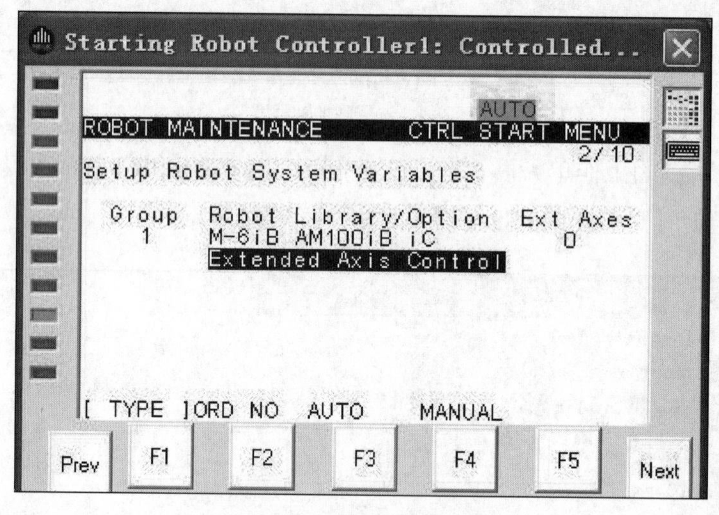

图3-4　选择附加轴控制选项

（5）输入数字1，选择组1【Group1】选项，按【Enter】键确认，如图3-5所示。

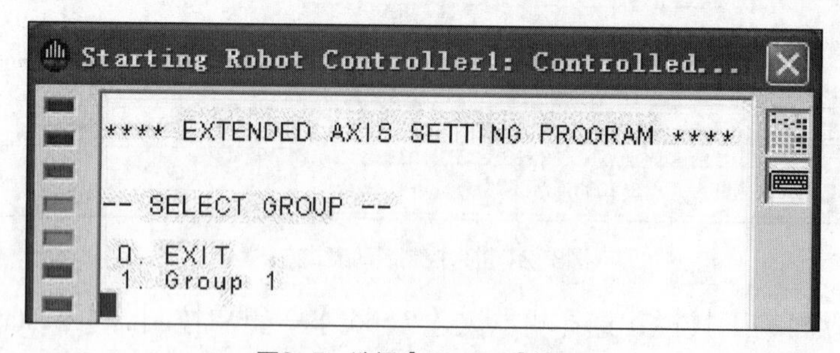

图3-5　选择【Group1】选项

（6）此附加轴作为六轴机器人的第七轴，所以输入数字7，按【Enter】键确认，如图3-6所示。

```
Starting Robot Controller1: Controlled...

**** EXTENDED AXIS SETTING PROGRAM ****
**** Ext Axis G: 1 Initialization ******

-- Hardware start axis setting --
Enter hardware start axis
(Valid range: 1 - 16)
Default value =  7
```

图3-6 附加轴设定

（7）输入数字2，选择添加附加轴【Add Ext axes】选项，按【Enter】键确认，如图3-7所示。

```
Starting Robot Controller1: Controlled...

**** EXTENDED AXIS SETTING PROGRAM ****
**** Ext Axis G: 1 Initialization ******

                                   E1 E2 E3
*** Group  1 Total  Ext  Axis = *   *   *
  1. Display/Modify Ext axis 1~3
  2. Add Ext axes
  3. Delete Ext axes
  4. EXIT
Select? 2
```

图3-7 添加附加轴2

（8）输入数字1，添加一个附加轴，按【Enter】键确认，如图3-8所示。

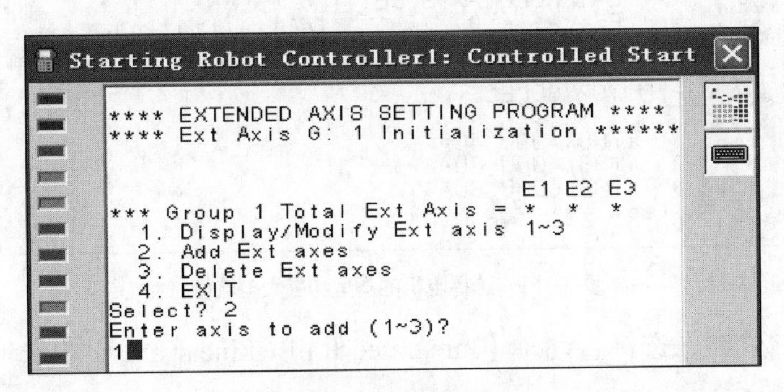

图3-8 添加附加轴1

（9）输入数字2，选择驱动方法【Enhanced Method】选项，按【Enter】键确认，如图3-9所示。

（10）选择电机型号。输入数字62，选择【aiS8】选项（附加轴中所使用的电机种类），按【Enter】键确认，如图3-10所示。

（11）根据所使用的伺服电机和附加轴放大器的铭牌，选择电机的类型和最大电流值。输入数字2，选择【aiS8/4000 80A】选项（电机的类型和最大电流值），按【Enter】键确认，如图3-11所示。

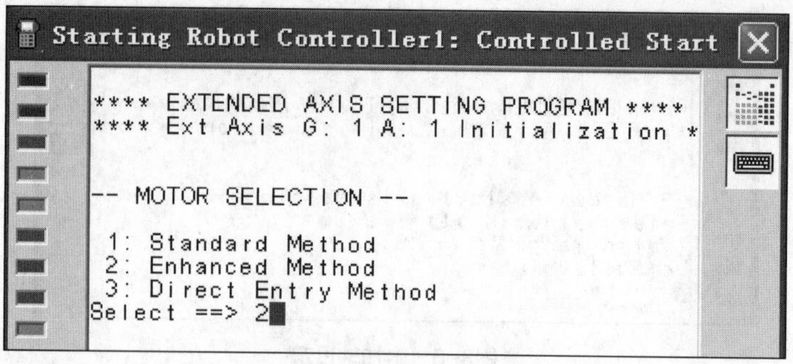

```
Starting Robot Controller1: Controlled Start

**** EXTENDED AXIS SETTING PROGRAM ****
**** Ext Axis G: 1 A: 1 Initialization *

-- MOTOR SELECTION --

 1: Standard Method
 2: Enhanced Method
 3: Direct Entry Method
Select ==> 2
```

图3-9　选择驱动方法选项

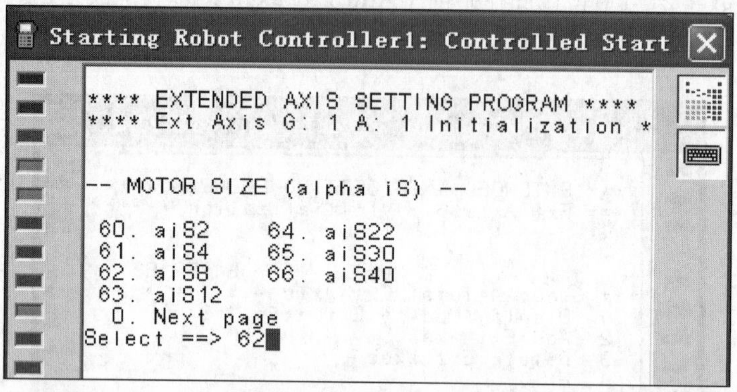

```
Starting Robot Controller1: Controlled Start

**** EXTENDED AXIS SETTING PROGRAM ****
**** Ext Axis G: 1 A: 1 Initialization *

-- MOTOR SIZE (alpha iS) --

 60. aiS2     64. aiS22
 61. aiS4     65. aiS30
 62. aiS8     66. aiS40
 63. aiS12
  0. Next page
Select ==> 62
```

图3-10　选择电机型号

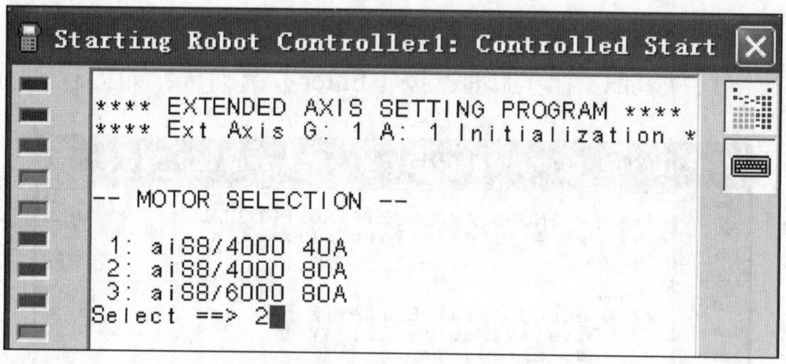

```
Starting Robot Controller1: Controlled Start

**** EXTENDED AXIS SETTING PROGRAM ****
**** Ext Axis G: 1 A: 1 Initialization *

-- MOTOR SELECTION --

 1: aiS8/4000 40A
 2: aiS8/4000 80A
 3: aiS8/6000 80A
Select ==> 2
```

图3-11　选择电机的类型和最大电流值

（12）输入数字1，选择直动轴【Integrated Rail（Linear axis）】选项，按【Enter】键确认，如图3-12所示。

附加轴的类型分为两种：直动轴（Linear axis），旋转轴（Rotary axis）。

（13）设定附加轴安装方向，与世界坐标系的Y轴平行安装。输入数字2，选择平行轴Y轴，按【Enter】键确认，如图3-13所示。

（14）输入减速比的值10，按【Enter】键确认，如图3-14所示。

在选择直动轴的情况下，输入电机旋转1周的附加轴移动距离（单位mm）。

在选择旋转轴的情况下，输入附加轴旋转1周所需的电机的转速。

减速比的值越大，附加轴运动速度越快。

```
Starting Robot Controller1: Controlled Start

**** EXTENDED AXIS SETTING PROGRAM ****
**** Ext Axis G: 1 A: 1 Initialization *

-- EXTENDED AXIS TYPE --

  1. Integrated Rail  (Linear axis)
  2. Integrated Arm   (Rotary axis)
  3. Auxiliary Linear Axis
  4. Auxiliary Rotary Axis

Select? 1
```

图3-12　选择直动轴选项

```
Starting Robot Controller1: Controlled Start

**** EXTENDED AXIS SETTING PROGRAM ****
**** Ext Axis G: 1 A: 1 Initialization *

  1. Integrated Rail  (Linear axis)
  2. Integrated Arm   (Rotary axis)
  3. Auxiliary Linear Axis
  4. Auxiliary Rotary Axis

Select? 1
Direction 1:X  2:Y  3:Z
Enter Direction (1~3)?
Select? 2
```

图3-13　设定附加轴安装方向

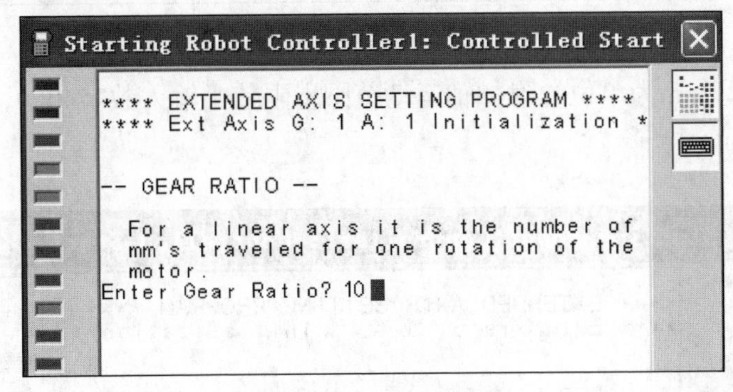

图3-14　输入减速比的值

（15）设定最大轴速度。输入数字2，选择使用建议值【No Change】选项，按【Enter】键确认，如图3-15所示。

输入数字1：选择【Change】选项。表示需要更改，并输入值。

输入数字2：选择【No Change】选项。表示使用建议值。

（16）设定附加轴相对电机正转的可动方向。输入数字2，选择附加轴相对电机正转的可动方向为负【FALSE】选项，按【Enter】键确认，如图3-16所示。

输入数字1：选择【TRUE】选项。表示附加轴相对电机正转的可动方向为正。

输入数字2：选择【FALSE】选项。表示附加轴相对电机正转的可动方向为负。

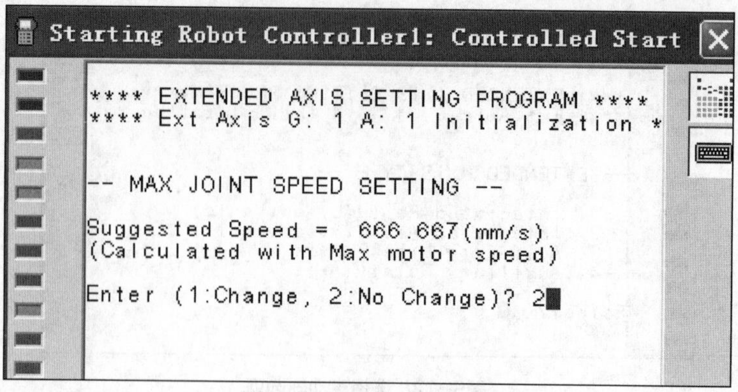

Starting Robot Controller1: Controlled Start
**** EXTENDED AXIS SETTING PROGRAM ****
**** Ext Axis G: 1 A: 1 Initialization *
-- MAX JOINT SPEED SETTING --
Suggested Speed = 666.667(mm/s)
(Calculated with Max motor speed)
Enter (1:Change, 2:No Change)? 2

图3-15　设定最大轴速度

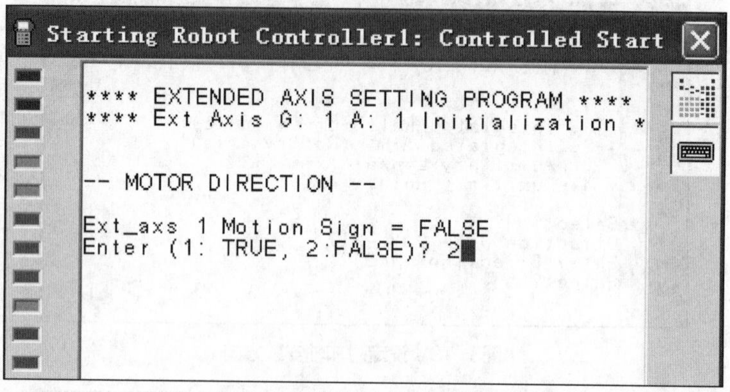

Starting Robot Controller1: Controlled Start
**** EXTENDED AXIS SETTING PROGRAM ****
**** Ext Axis G: 1 A: 1 Initialization *
-- MOTOR DIRECTION --
Ext_axs 1 Motion Sign = FALSE
Enter (1: TRUE, 2:FALSE)? 2

图3-16　设定附加轴相对电机正转的可动方向

（17）设定以mm为单位的附加轴运动范围上限值。输入数字4000，按【Enter】键确认，如图3-17所示。

Starting Robot Controller1: Controlled Start
**** EXTENDED AXIS SETTING PROGRAM ****
**** Ext Axis G: 1 A: 1 Initialization *
-- UPPER LIMIT --
Enter Upper Limit (mm)? 4000

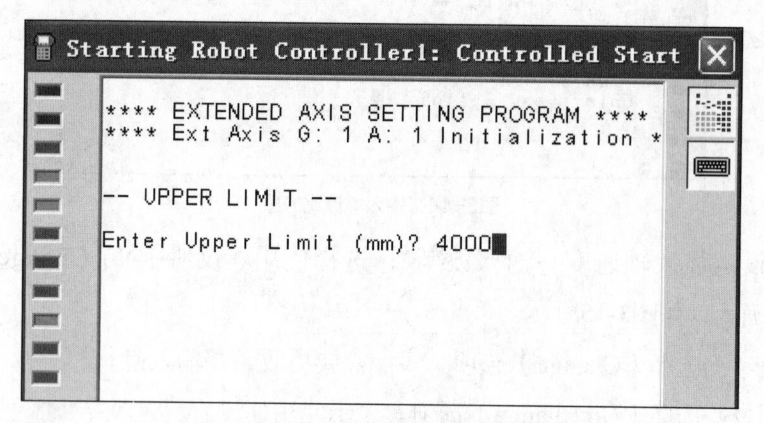

图3-17　设定以mm为单位的附加轴运动范围上限值

（18）设定以mm为单位的附加轴运动范围下限值。输入数字−100，按【Enter】键确认，如图3-18所示。

（19）校准位置。输入数字0来校准位置，按【Enter】键确认，如图3-19所示。

Starting Robot Controller1: Controlled Start
**** EXTENDED AXIS SETTING PROGRAM ****
**** Ext Axis G: 1 A: 1 Initialization *
-- LOWER LIMIT --
Enter Lower Limit (mm)? -100

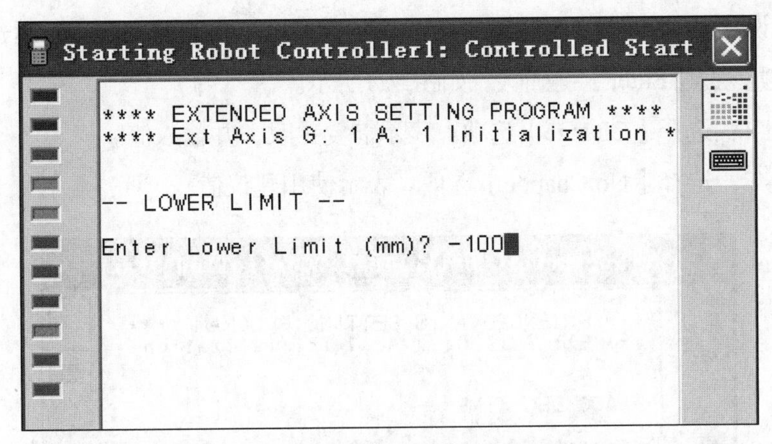

图3-18　设定以mm为单位的附加轴运动范围下限值

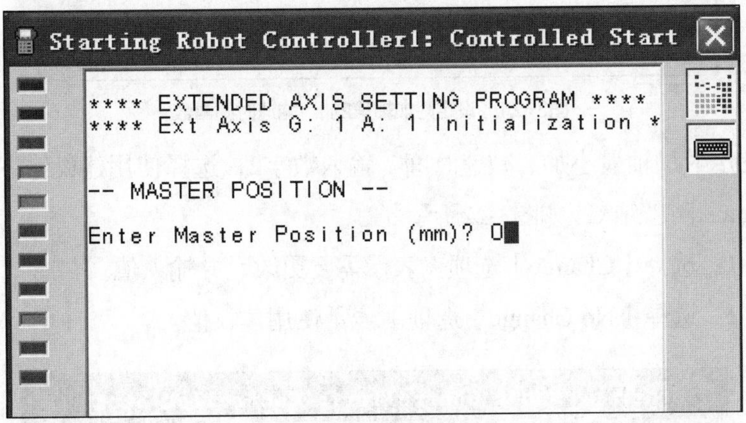

Starting Robot Controller1: Controlled Start
**** EXTENDED AXIS SETTING PROGRAM ****
**** Ext Axis G: 1 A: 1 Initialization *
-- MASTER POSITION --
Enter Master Position (mm)? 0

图3-19　校准位置

（20）设定附加轴第1加、减速时间常数。输入数字2，选择使用建议值【No Change】选项，按【Enter】键确认，如图3-20所示。

输入数字1：选择【Change】选项。表示需要更改，并输入值。

输入数字2：选择【No Change】选项。表示使用建议值。

Starting Robot Controller1: Controlled Start
**** EXTENDED AXIS SETTING PROGRAM ****
**** Ext Axis G: 1 A: 1 Initialization *
-- ACC/DEC TIME --
Default acc_time1 = 256(ms)
Enter (1:Change, 2:No Change)? 2

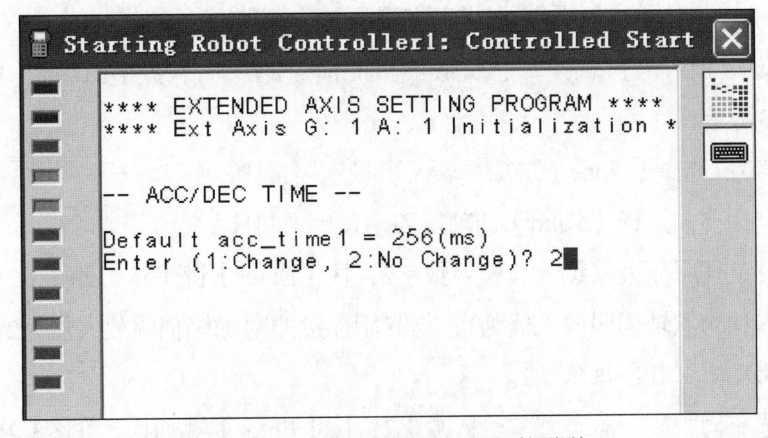

图3-20　设定附加轴第1加、减速时间常数

（21）设定附加轴第2加、减速时间常数。输入数字2，选择使用建议值【No Change】选项，按【Enter】键确认，如图3-21所示。

输入数字1：选择【Change】选项。表示需要更改，并输入值。

输入数字2：选择【No Change】选项。表示使用建议值。

```
Starting Robot Controller1: Controlled Start

**** EXTENDED AXIS SETTING PROGRAM ****
**** Ext Axis G: 1 A: 1 Initialization *

-- ACC/DEC TIME --

Default acc_time1 = 256(ms)
Enter (1:Change, 2:No Change)? 2

Default acc_time2 = 128(ms)
Enter (1:Change, 2:No Change)? 2
```

图3-21　设定附加轴第2加、减速时间常数

（22）设定附加轴最小加、减速时间。输入数字2，选择使用建议值【No Change】选项，按【Enter】键确认，如图3-22所示。

输入数字1：选择【Change】选项。表示需要更改，并输入值。

输入数字2：选择【No Change】选项。表示使用建议值。

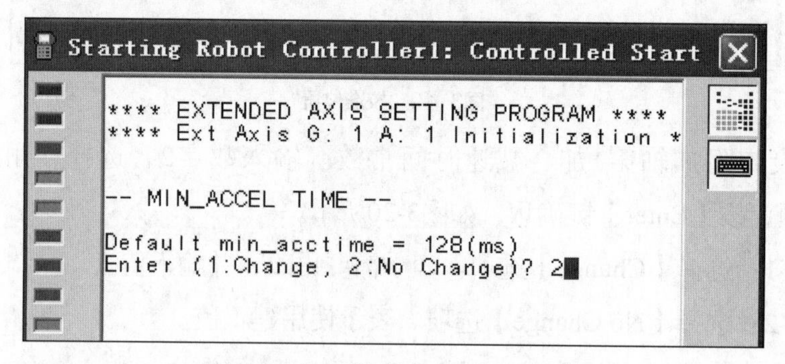

图3-22　设定附加轴最小加、减速时间

（23）设定相对电机轴换算总负载惯量的惯量比。输入数字3，按【Enter】键确认，如图3-23所示。

输入数字0：选择【None】选项。表示不设定惯量比。

输入数字1～5：选择【Valid】选项。表示设定惯量比。

（24）设定伺服放大器编号。输入数字2，按【Enter】键确认，如图3-24所示。

机器人本身的六轴伺服放大器为1，与其相连接的附加轴伺服放大器为2。

注意：此处输入数字仅限于2。

（25）选择伺服放大器类型。输入数字2，按【Enter】键确认，如图3-25所示。

```
Starting Robot Controller1: Controlled Start
**** EXTENDED AXIS SETTING PROGRAM ****
**** Ext Axis G: 1 A: 1 Initialization *

-- LOAD RATIO --
              LoadInertia + MotorInertia
LoadRatio = --------------------------
                     MotorInertia

Enter Load ratio? (0:None 1~5:Valid)
3
```

图3-23 设定相对电机轴换算总负载惯量的惯量比

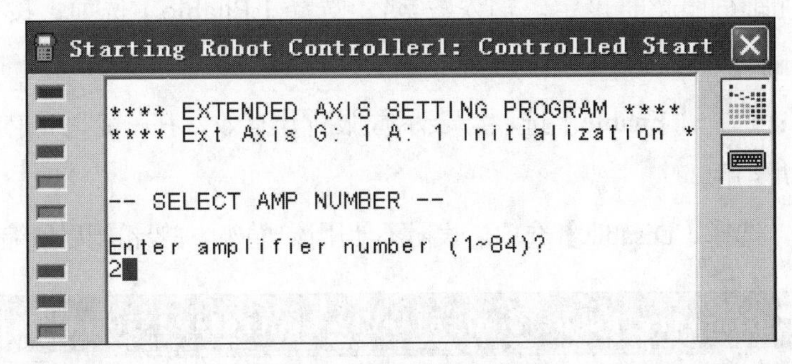

图3-24 设定伺服放大器编号

```
Starting Robot Controller1: Controlled Start
**** EXTENDED AXIS SETTING PROGRAM ****
**** Ext Axis G: 1 A: 1 Initialization *

-- SELECT AMP TYPE --

 1. A06B-6400 series 6 axes amplifier
 2. A06B-6240 series Alpha i amp. or
    A06B-6160 series Beta i amp.

Select? 2
```

图3-25 选择伺服放大器类型

（26）设定制动器的编号。此编号表示附加轴的电机抱闸线连接位置。输入数字1，按【Enter】键确认，如图3-26所示。

输入数字0：表示附加轴无抱闸。

输入数字1：表示附加轴的电机抱闸线与六轴伺服放大器相连。

输入数字2：表示使用单独的抱闸单元，附加轴的电机抱闸线与抱闸单元上的C口连接。

输入数字3：表示使用单独的抱闸单元，附加轴的电机抱闸线与抱闸单元上的D口连接。

注意：此处输入数字仅限于0、1、2、3。

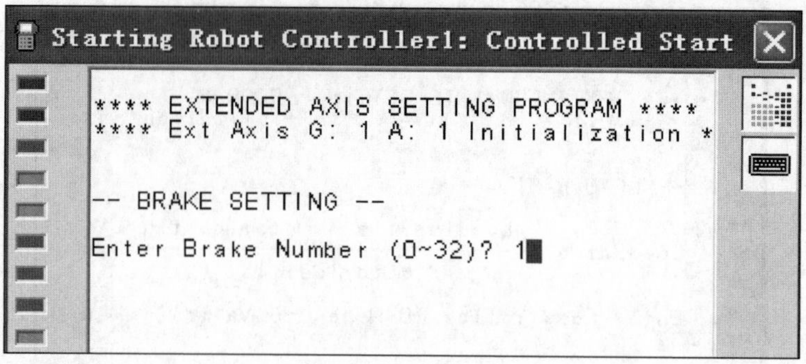

Starting Robot Controller1: Controlled Start
**** EXTENDED AXIS SETTING PROGRAM ****
**** Ext Axis G: 1 A: 1 Initialization *
-- BRAKE SETTING --
Enter Brake Number (0~32)? 1

图3-26　设定制动器的编号

（27）附加轴伺服超时设定。输入数字1，选择【Enable】选项，按【Enter】键确认，如图3-27所示。

输入数字1：选择【Enable】选项。表示伺服断开有效，在一定时间内轴没有移动，电机的抱闸自动启用。

输入数字2：选择【Disable】选项。表示不使用该功能，一般希望尽量缩短循环时间。

Starting Robot Controller1: Controlled Start
**** EXTENDED AXIS SETTING PROGRAM ****
**** Ext Axis G: 1 A: 1 Initialization *
-- SERVO TIMEOUT --
Servo Off is Disable
Enter (1: Enable 2: Disable)? 1

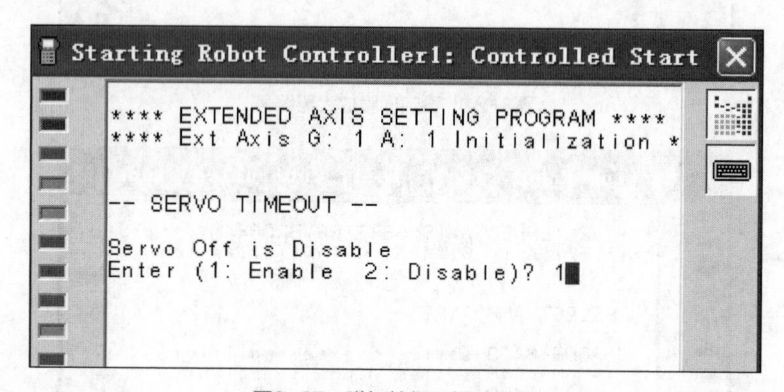

图3-27　附加轴伺服超时设定

（28）设定伺服关闭时间，一般为0～30Sec。输入数字30，按【Enter】键确认，如图3-28所示。

Starting Robot Controller1: Controlled Start
**** EXTENDED AXIS SETTING PROGRAM ****
**** Ext Axis G: 1 A: 1 Initialization *
-- SERVO TIMEOUT VALUE --
Enter Servo Off Time? (0.0~30.0 Sec) 30

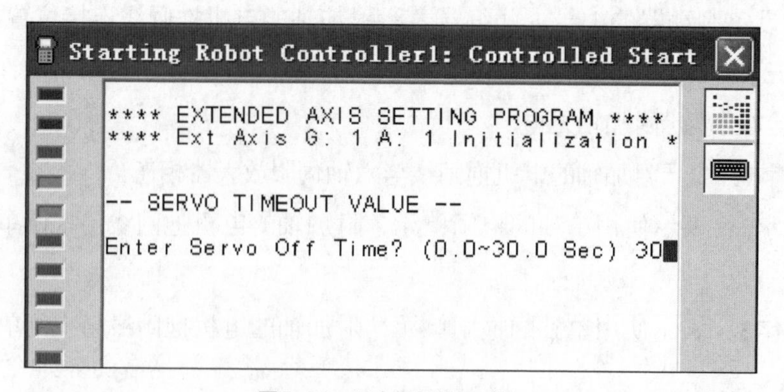

图3-28　设定伺服关闭时间

（29）输入数字4，选择退出【EXIT】选项，按【Enter】键确认。附加轴设定退出界面如图3-29所示。

输入数字1：选择【Display/Modify Ext axis】选项。表示显示或更改附加轴的设定。

输入数字2：选择【Add Ext axes】选项。表示添加附加轴。

输入数字3：选择【Delete Ext axes】选项。表示删除附加轴。

输入数字4：选择【EXIT】选项。表示退出。

```
Starting Robot Controller1: Controlled Start

**** EXTENDED AXIS SETTING PROGRAM ****
**** Ext Axis G: 1 Initialization ******

                                E1 E2 E3
*** Group 1 Total Ext Axis = 1   *  *
  1. Display/Modify Ext axis 1~3
  2. Add Ext axes
  3. Delete Ext axes
  4. EXIT
Select? 4
```

图3-29　附加轴设定退出界面

（30）完成设定后，机器人需要冷启动。退出控制启动模式，选择功能【Fctn】→冷启动【1 START（COLD）】选项，按【Enter】键确认，退回到一般模式界面，如图3-30所示。

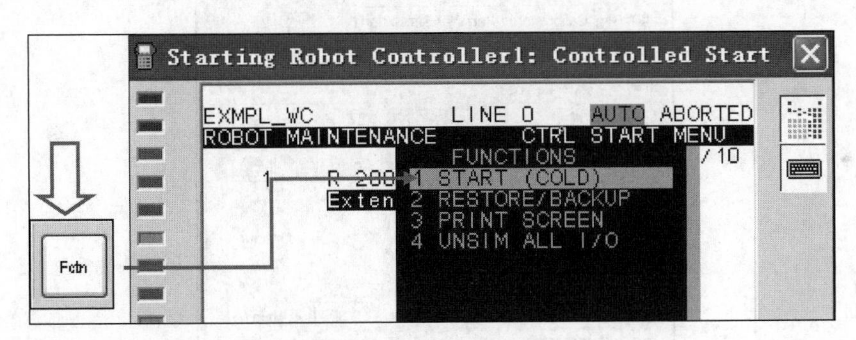

图3-30　退出控制启动模式

3.1.2　行走轴数模创建

1. 利用软件自建数模

利用软件自建数模的主要步骤如下。

（1）打开软件界面，进入导航目录【Cell Browser】，右击机械【Machines】选项，选择添加机械【Add Machine】→立方体【Box】选项，如图3-31所示。

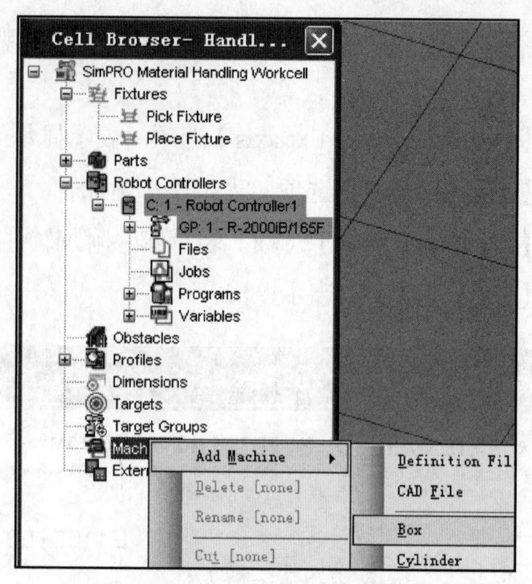

图3-31　添加立方体模型

（2）在机械1【Machine1】界面的常规【General】选项卡中，设置行走轴位置，位置数据为X=0、Y=1500、Z=200、W=0、P=0、R=0。

行走轴尺寸为X=800、Y=4000、Z=200。

（3）设置完毕后，勾选锁定所有位置数据【Lock All Location Values】选项，如图3-32所示。

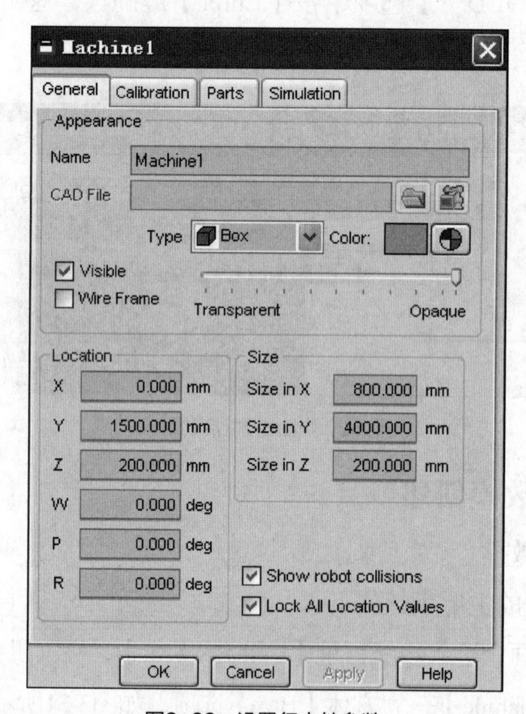

图3-32　设置行走轴参数

（4）在导航目录中选择机械1【Machine1】选项，右击再选择附加机器人【Attach Robot】选项，选择对应机器人【GP:1-R-2000iB/165F】，将机器人安装在导轨上，如图3-33所示。

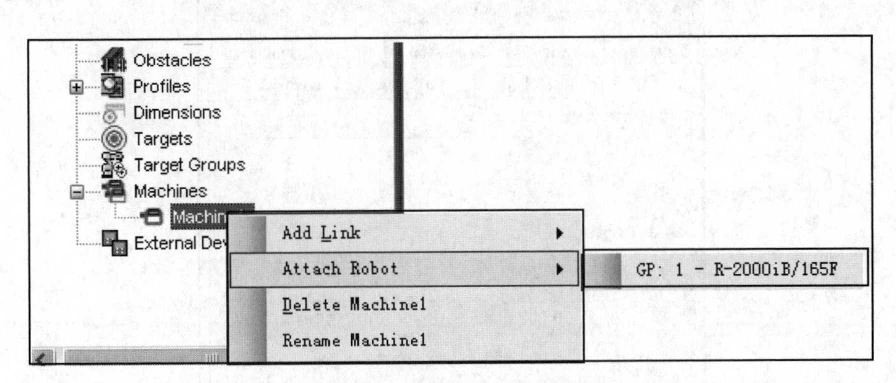

图3-33　安装机器人至导轨

（5）选择【Link CAD】选项卡，在此选项卡中设置机器人的位置方向，设定Y=-1500，如图3-34所示。

注意：此步骤用于确定Link1（此时指机器人）的校准位置（Master Position）。

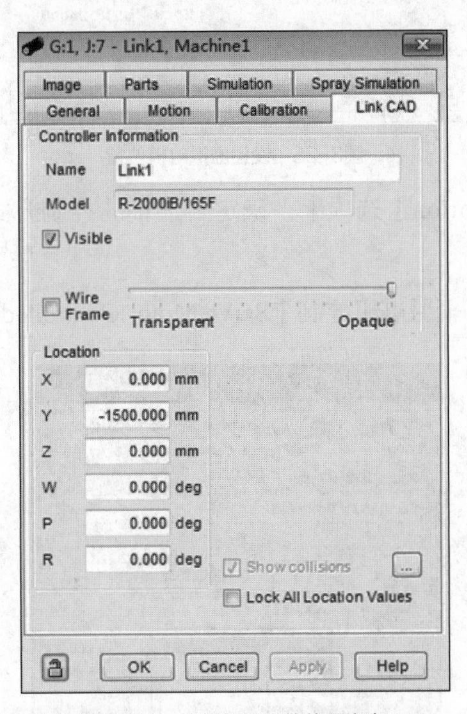

图3-34　设置机器人的位置方向

（6）选择常规【General】选项卡，在其中设置虚拟电机位置，使电机的Z轴与行走轴的运动方向一致，如图3-35所示。

输入X=0、Y=0、Z=0、W=-90、P=0、R=0。

注意：调整电机方向前，先取消勾选【Couple Link CAD】选项。这样做可避免电机位置变化时，机器人位置也随之变化，如图3-35所示。

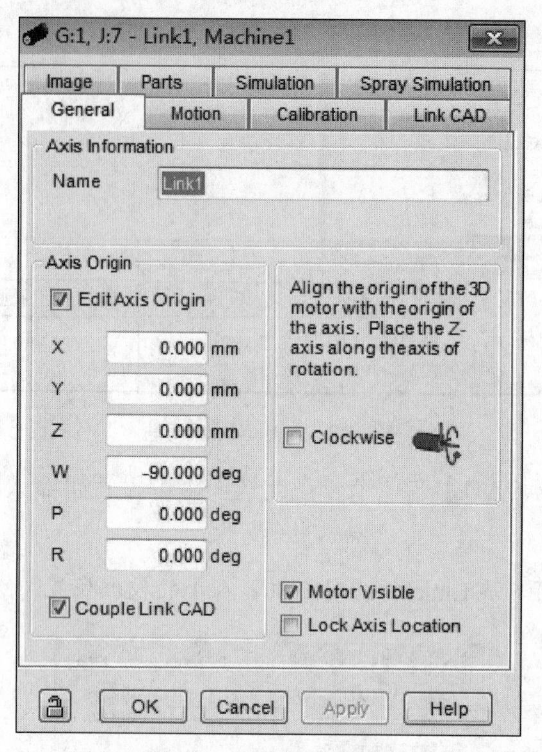

图3-35　设置虚拟电机位置

（7）选择动作【Motion】选项卡，确定附加轴的控制方式和轴的信息，如图3-36所示。

附加轴的控制方式：伺服电机控制【Servo Motor Controlled】。

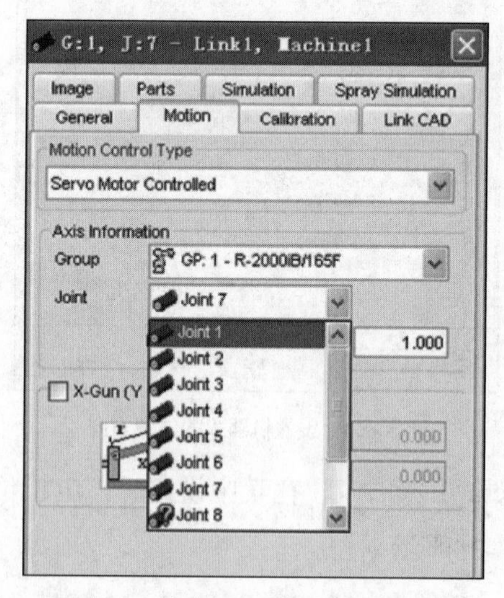

图3-36　确定附加轴控制方式和轴的信息

2. 利用模型库创建数模

ROBOGUIDE软件的模型库中自带行走轴的数模，可以利用模型库中数模来建立一个机器人行走轴。选择菜单栏中工具【Tools】→轨道单元创建菜单【Rail Unit Creator】选项，打开轨道单元创建界面并设定参数，如图3-37所示。

图3-37　轨道单元创建界面

设置机器人系列【Type】为【R-2000 Type】。

设置滑台位置【Cable】为【Left】。

设置导轨长度【Length】为【1.0】。

设置导轨名称【Name】为【R2000_L1_1_0m】。

设定完毕后，单击执行【Exec】按钮，便可将导轨添加至机器人上，结果如图3-38所示。

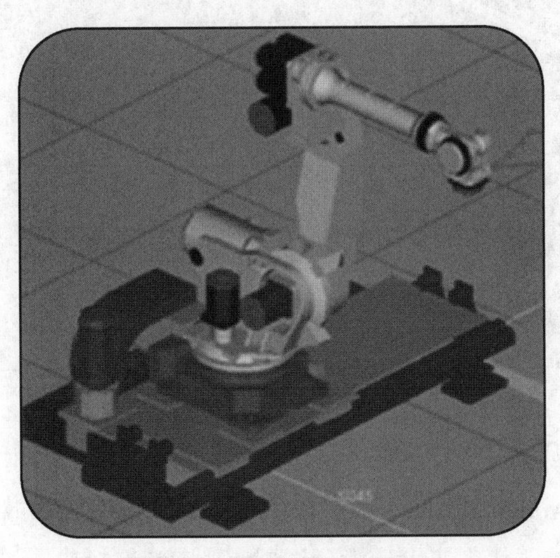

图3-38　将导轨添加至机器人上

3. 点动附加轴

当需要利用示教器示教机器人沿附加轴运动时，需要切换设置。选择功能【Fctn】选项，选择切换副群组【4 TOGGLE SUB GROUP】选项，此时，可以用示教器示教附加轴，如图3-39所示。

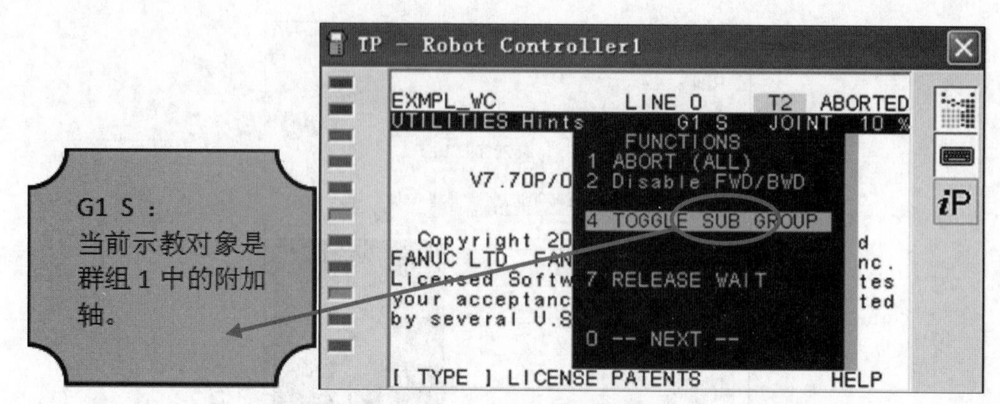

图3-39　用示教器示教附加轴

3.1.3　信号控制

当设置采用信号控制的附加轴时，在新建过程中不需要选择额外的软件选项。此时Link的位置由所设置的信号状态决定。下面以自建数模为例，创建附加轴仿真模型，如图3-40所示。其主要步骤如下。

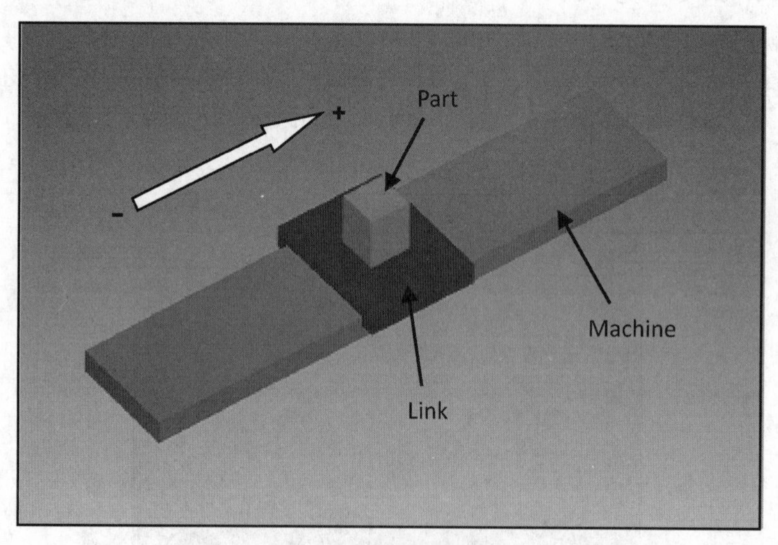

图3-40　附加轴仿真模型

（1）打开软件界面，进入导航目录【Cell Browser】，右击机械【Machines】选项，选择添加机械【Add Machine】→立方体【Box】选项。在机械1【Machine1】界面的常规【General】选项卡中，设置立方体模型的位置数据和尺寸，如图3-41所示。

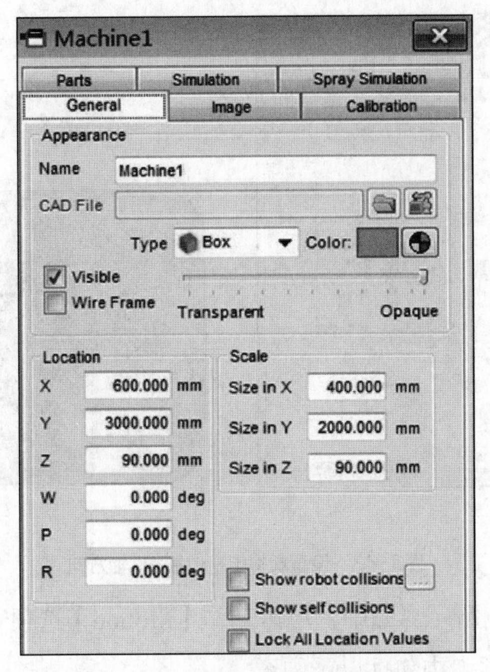

图3-41　设置立方体模型的位置数据和尺寸

（2）在导航目录中右击机械1【Machine1】选项，选择添加链接【Add Link】→链接CAD【Link CAD】选项，如图3-42所示设置校准位置，用户设定的位置一般就是指0的位置。

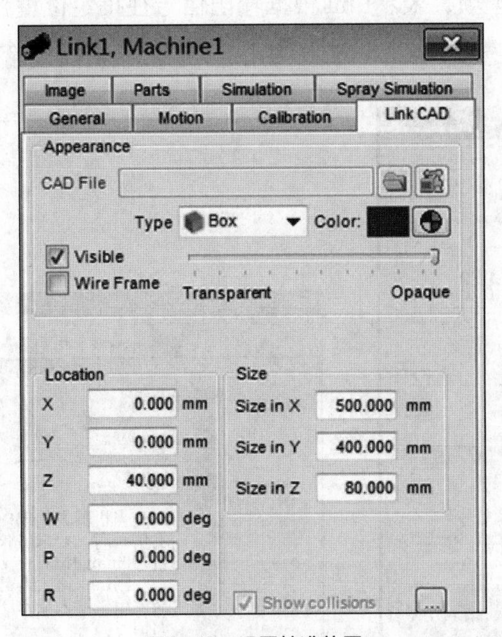

图3-42　设置校准位置

（3）在图3-42所示界面中，选择常规【General】选项卡，在其中设置虚拟电机位置和Z轴方向（Link的运动方向），如图3-43所示。

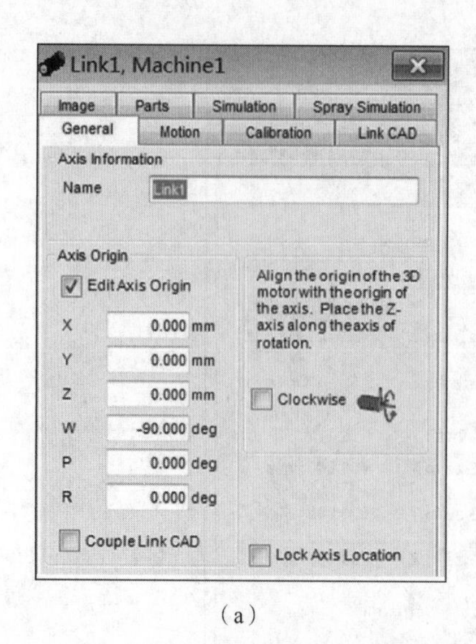

（a）

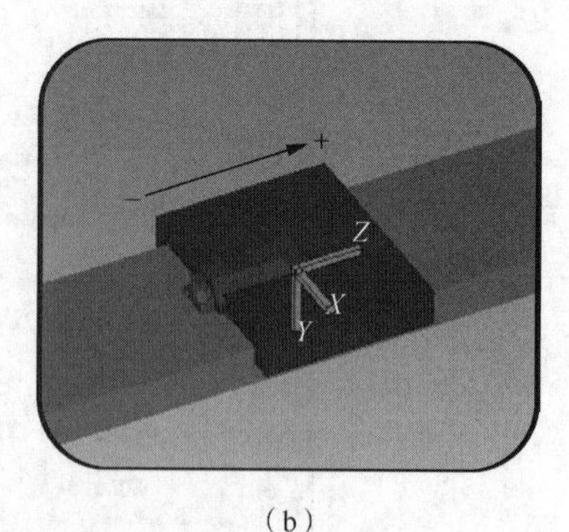

（b）

图3-43　设置虚拟电机位置和Z轴方向

（4）在图3-43（a）所示界面中，单击动作【Motion】选项卡，如图3-44所示。动作【Motion】选项卡中包括以下内容。

① 动作控制方式【Motion Control Type】选项。

② 轴类型【Axis Type】选项，设置旋转、直线运动。

③ 运动速度【Speed】选项。

④ 输入【Inputs】选项，表示Link根据输出信号往指定位置移动，如图3-45所示。

⑤ 输出【Outputs】选项，表示Link到达指定位置后给机器人输入信号，如图3-46所示。

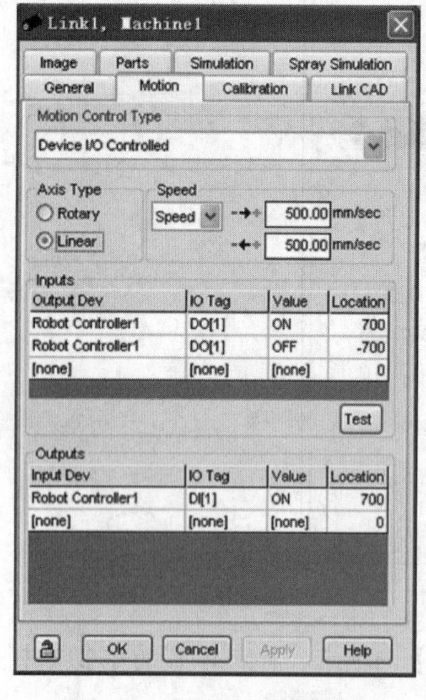

图3-44　【Motion】选项卡

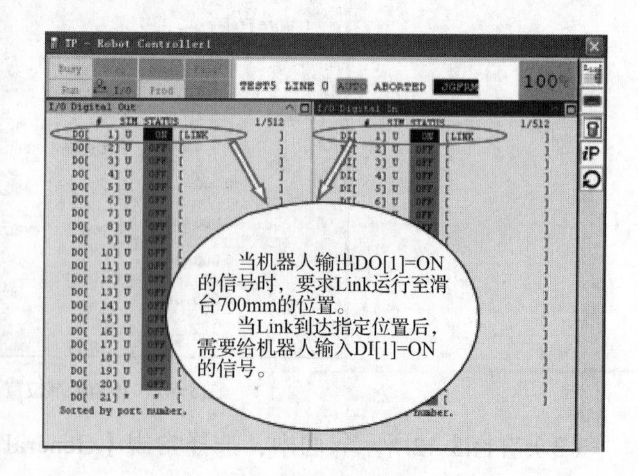

图3-45　行走位置信号控制

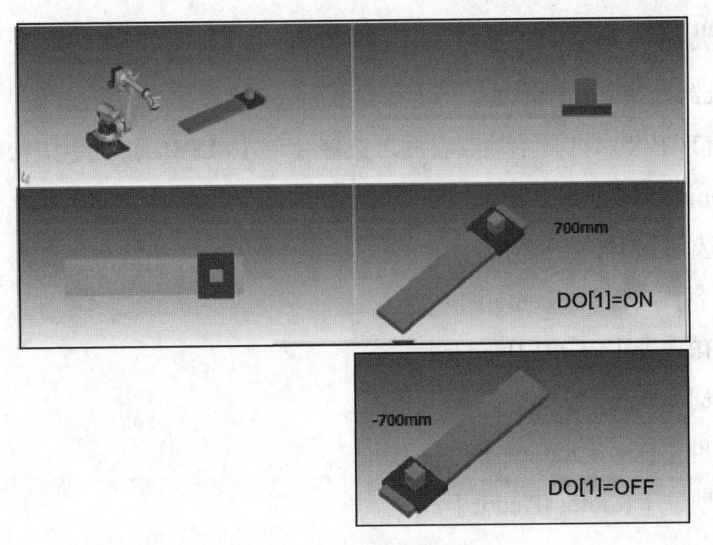

图3-46　行走轴运动效果

3.2　Simulator功能

ROBOGUIDE软件中有Simulator插件，可以用于监视实际的机器人控制器/机器人模拟器。用户在使用Simulator插件功能时，可以通过Internet IP实现计算机与机器人控制柜通信，实现ROBOGUIDE软件与机器人本体联动。

3.2.1　连接方式

选择硬件配置满足ROBOGUIDE软件安装要求的计算机，在计算机上安装ROBOGUIDE软件，然后将计算机与机器人控制柜的网口通过网线连接起来，完成计算机与机器人控制柜的硬件连接，如图3-47所示，并设置机器人控制柜与计算机的IP地址。

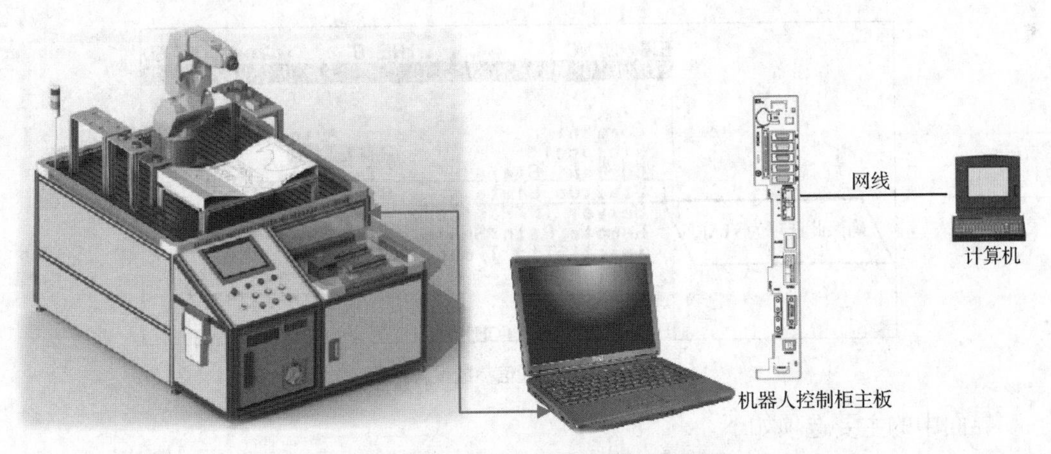

图3-47　计算机与机器人控制柜硬件连接示意

3.2.2 机器人控制柜与计算机IP地址设置

1. 设置机器人控制柜IP地址

（1）设置TCP/IP。打开示教器界面，选择菜单【MENU】→设置【SETUP】→主机通信【Host Comm】→【TCP/IP】按钮，设置TCP/IP界面如图3-48所示。

界面中的选项如下。

① 机器人名称【Robot name】。

② 1#网口IP地址【Port#1 IP addr】。

③ 子网掩码【Subnet Mask】。

④ 板卡地址【Board address】。

⑤ 网关IP地址【Router IP addr】。

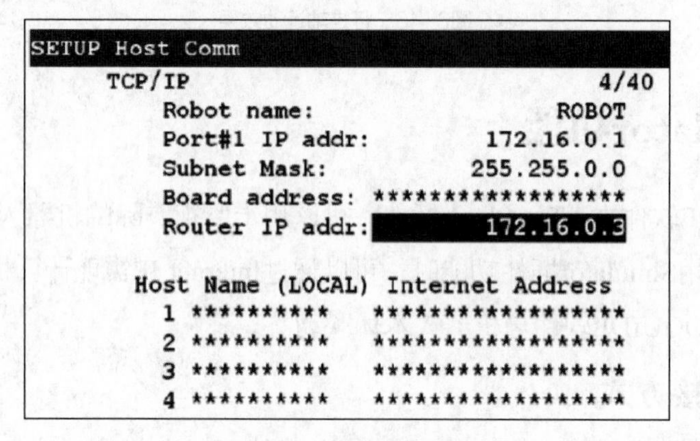

图3-48 设置TCP/IP界面

（2）设置FTP。打开示教器界面，选择菜单【MENU】→设置【SETUP】→主机通信【Host Comm】→显示【SHOW】→服务器【Servers】→细节【DETAIL】选项，主机通信参数设置界面如图3-49所示。

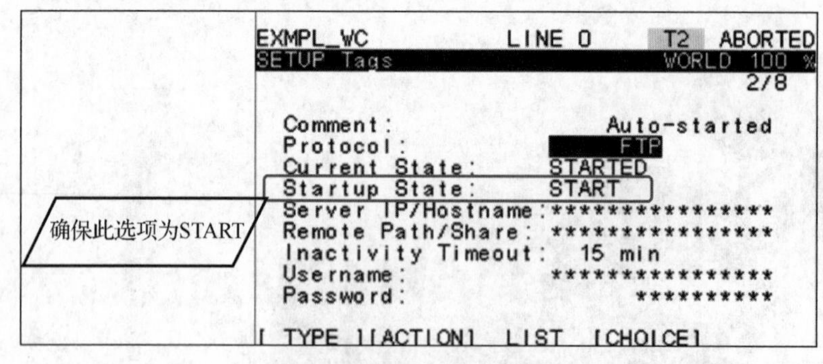

图3-49 主机通信参数设置界面

界面中的主要选项如下。

① 协议名称【Protocol】。

② 当前状态【Current State】。

③ 启动状态【Startup State】。

一般情况下，设置两个FTP，如图3-50所示。

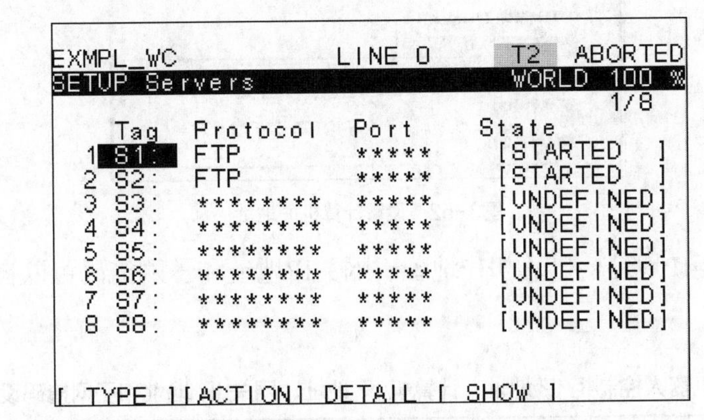

图3-50 FTP设置

注意：对于以上设置，用户每次修改后必须重启计算机才能生效。

2. 设置计算机IP地址

（1）双击【控制面板】选项，打开【网络连接】选项，右击【本地连接】选项，打开【本地连接 属性】对话框，如图3-51所示。

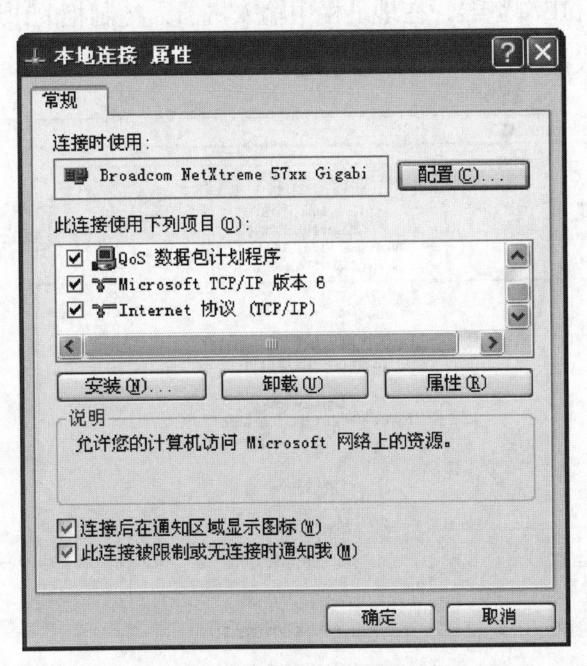

图3-51 【本地连接 属性】对话框

（2）在图3-51所示的对话框中，选择【Internet协议（TCP/IP）】选项，单击【属性】按钮，进入图3-52所示界面，设置计算机IP地址。

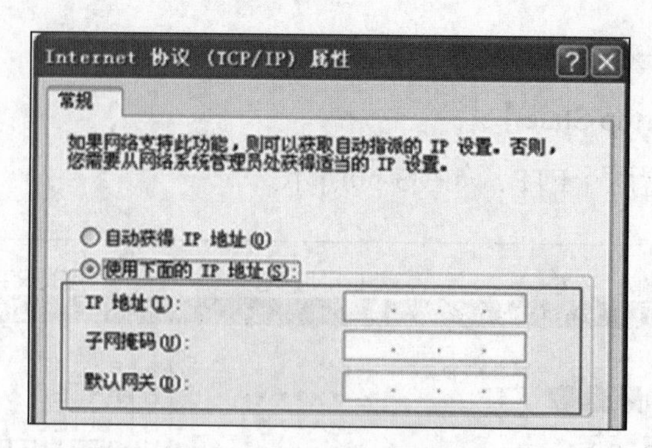

图3-52　设置计算机IP地址

机器人控制柜IP地址、计算机IP地址、网关IP地址和子网掩码可以自行设定，设置参数可参考表3-1。

表 3-1　机器人控制柜 IP 地址、计算机 IP 地址、网关 IP 地址和子网掩码设置参数

机器人控制柜 IP 地址	192.168.0.1
计算机 IP 地址	192.168.0.2
网关 IP 地址	192.168.0.3
子网掩码	255.255.255.0

3. 检查连通性

在计算机上打开IE浏览器，在地址栏中输入机器人控制柜的IP地址，出现图3-53所示界面，代表机器人控制柜和计算机已连通。

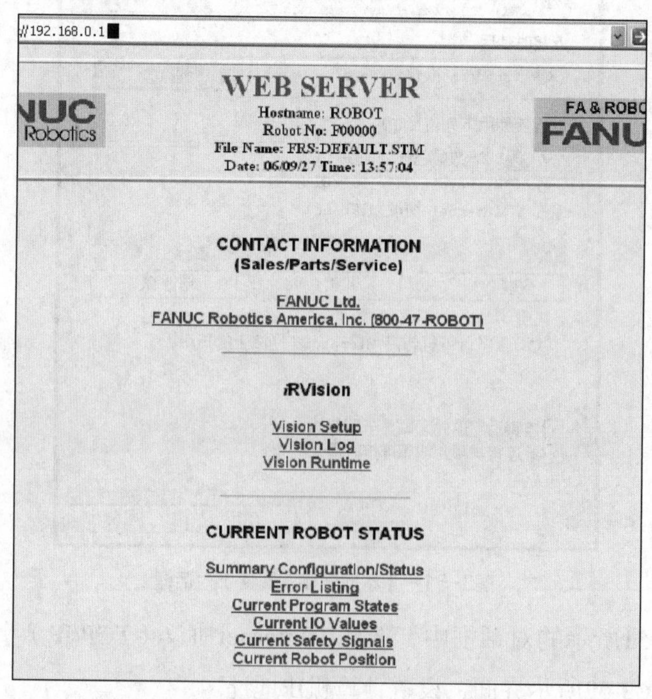

图3-53　机器人控制柜与计算机连通显示界面

3.2.3　仿真监控

（1）打开ROBOGUIDE软件，选择菜单栏工具【Tools】→仿真【Simulator】选项，如图3-54所示。在出现的窗口中单击设置【Setup】选项，进入仿真监控设置界面，如图3-55所示。

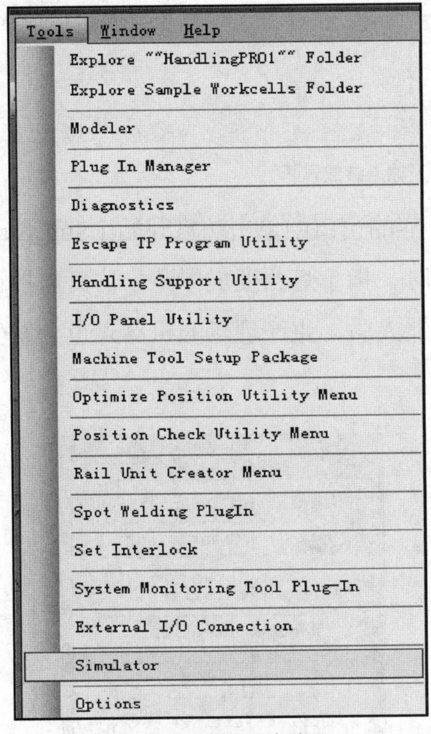

图3-54　选择仿真选项

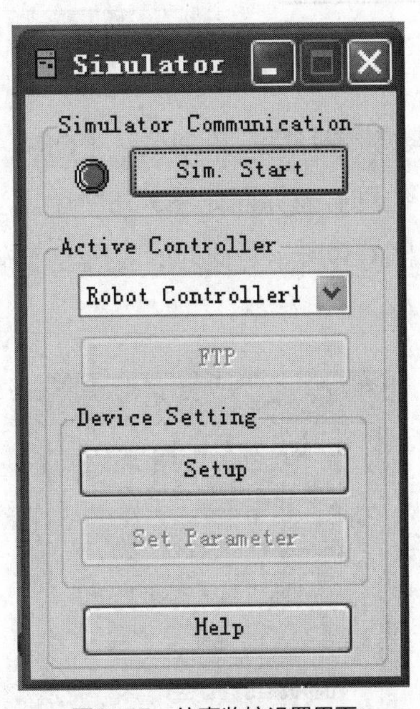

图3-55　仿真监控设置界面

（2）在图3-55所示窗口中，单击设置【Setup】按钮，进入仿真监控参数设置界面，如图3-56所示。

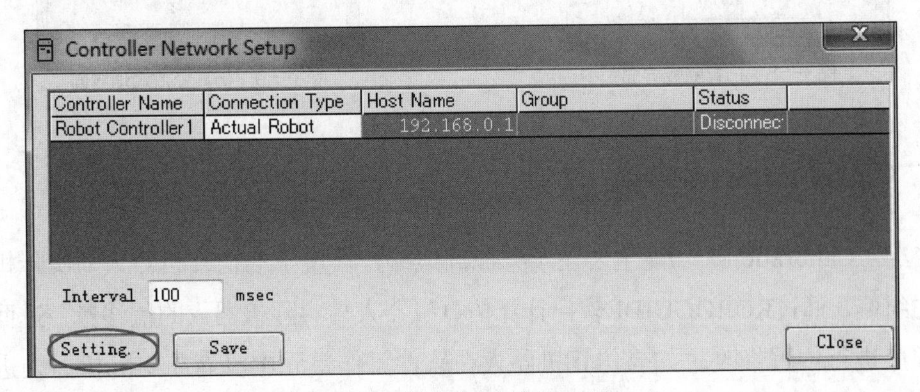

图3-56　仿真监控参数设置界面

（3）在图3-56所示界面中，单击设定【Setting...】按钮，进入仿真监控参数设置及输入参数界面，如图3-57所示。选择连接类型，输入机器人控制柜的IP地址。

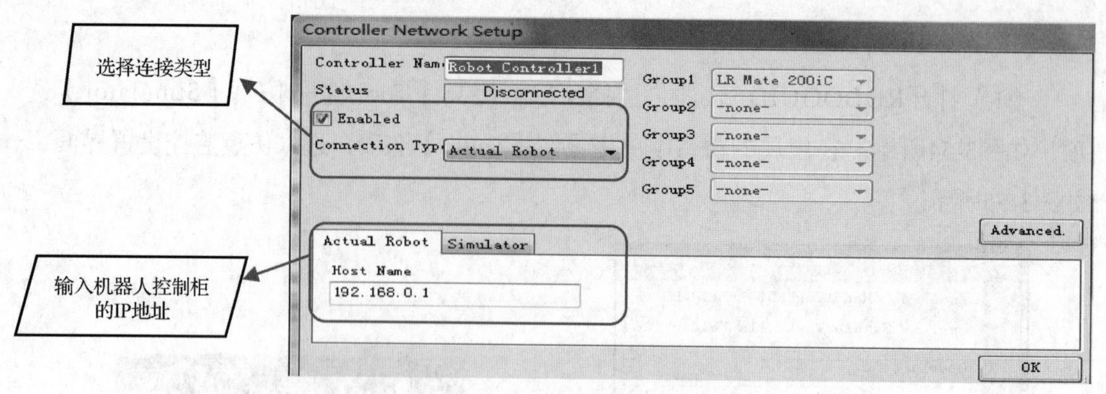

图3-57　仿真监控参数设置及输入参数界面

参数设置好后，单击确认【OK】按钮。在相应的窗口中单击仿真开始【Sim. Start】按钮，仿真监控界面如图3-58所示。当通信成功时，指示灯会变成绿色，仿真监控通信界面如图3-59所示。此时，操作仿真软件中的机器人后，生产现场的机器人也会发生同样的变化。

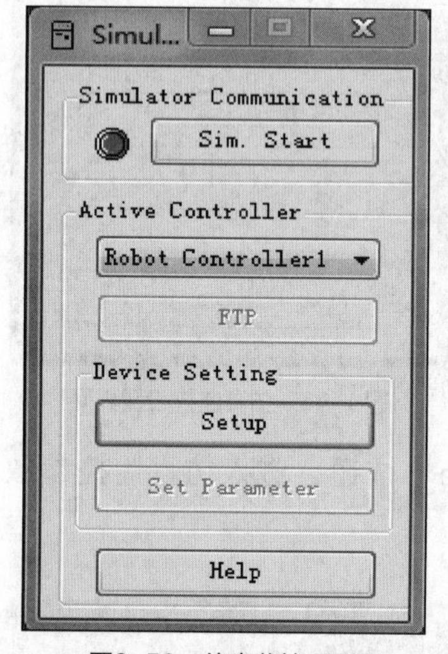

图3-58　仿真监控界面

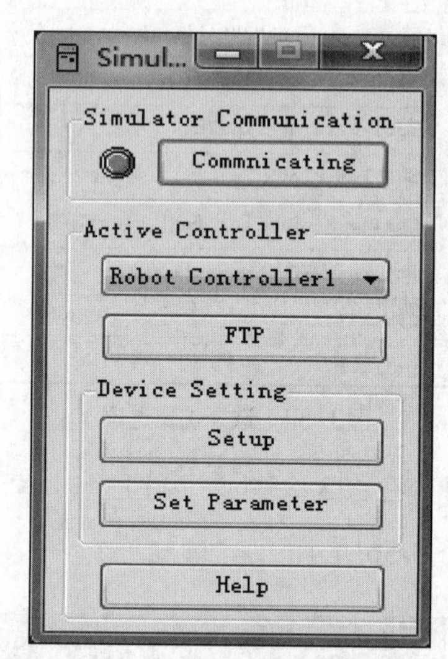

图3-59　仿真监控通信界面

3.3　Calibration功能

校准（Calibration）功能主要用于完成离线编程环境下的仿真机器人与实际机器人位置的纠偏，通过ROBOGUIDE软件计算仿真机器人与实际机器人的偏移量，进而自动地对程序进行位置修改。如果仿真机器人在软件工作单元中没有与实际机器人进行校准，那么程序可能无法正常运行。当在仿真软件上示教3个不在同一直线上的点和实际环境里同样位置的3个点后，会生成偏移数据，在校准对象时它们的位置会按校准的数据自动移动。

3.3.1 操作步骤

打开软件界面，进入导航目录【Cell Browser】，选择工装【Fixtues】选项，右击工装1【Fixtue1】选项，选择工装1属性【Fixtue1 Properties】选项，进入界面，单击校准【Calibration】选项卡，如图3-60所示。实施步骤如下。

（1）在ROBOGUIDE软件中选择示教程序【Step 1: Teach in 3D World】。

（2）将程序复制到机器人上并修正其位置点【Step 2: Copy & Touch-Up in Real World】。

（3）校准修正程序【Step 3: Calibrate from Touch-Up】。

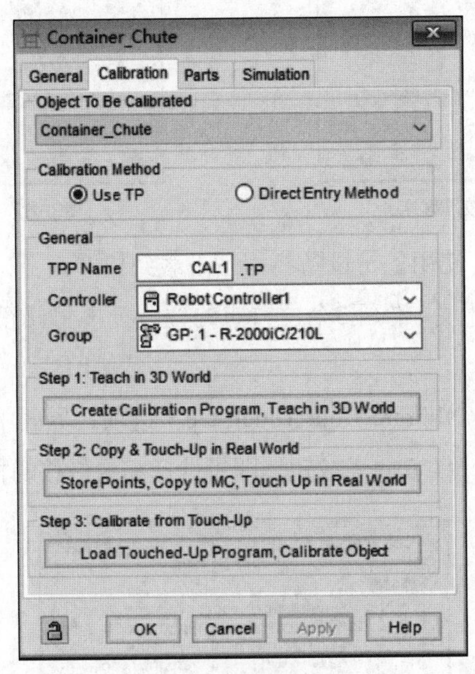

图3-60 校准选项卡

3.3.2 具体操作

（1）新建一个工作单元，设置其工具坐标系。软件中选择的机器人类型必须与实际使用的一致。

（2）在导航目录中双击工件【Part】选项所在的工装【Fixture】选项，选择校准【Calibration】选项卡，设置校准程序，如图3-61所示。

选择【Step 1:Teach in 3D World】选项，自动生成校准程序。

注意：可使用所设置的工具坐标系、用户坐标系修正指令中的3个位置点，但这3个位置点不能在同一直线上。

（3）选择【Step 2:Copy & Touch-Up in Real World】选项，自动将校准程序备份到对应文件夹中，如图3-62所示。

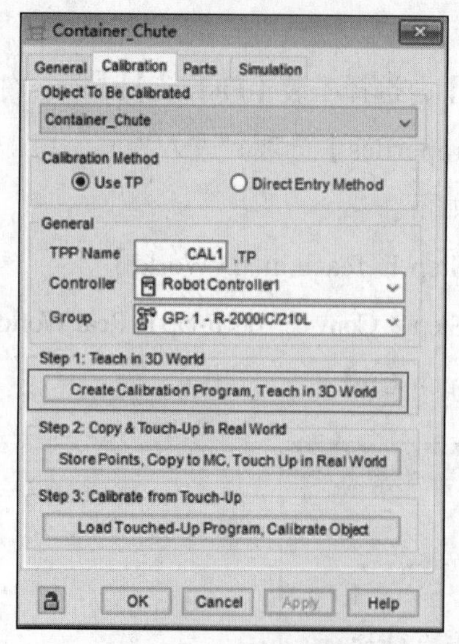

图3-61　设置校准程序

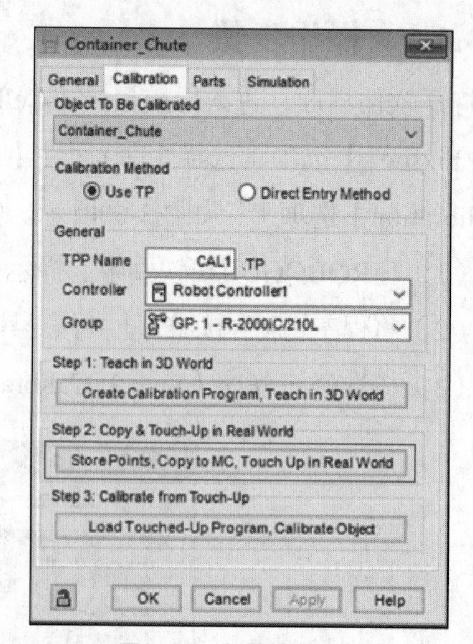

图3-62　备份校准程序

在这步实施过程中，使用备份设备将程序下载到机器人上，在机器人上设置同一个工具坐标系号，在实际环境中修正3个位置点的位置，再将修正好的程序放回原来的文件夹中。

（4）选择【Step 3: Calibrate from Touch-Up】选项，界面中的数据是所生成的偏移量。单击接受偏移【Accept Offset】按钮，即可选择需要偏移的程序，如图3-63所示。

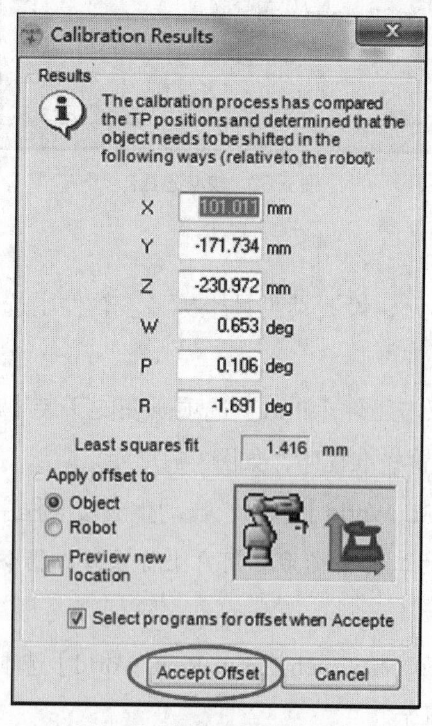

图3-63　选择需要偏移的程序

3.4　伺服焊枪的添加和设置

伺服焊枪通过使用伺服电机配合减速齿轮（匹配电机转速/负载）驱动焊枪机械臂运动，完成焊接动作，在生产制造过程中有广泛运用。ROBOGUIDE软件提供了伺服枪添加设置功能，其设置方法及过程主要包括工作单元创建、伺服枪轴初始设定和伺服枪的添加和设置。

3.4.1　工作单元创建

在ROBOGUIDE软件中，新建一个工作单元，新建过程可参考本书1.2.2小节，其他设置参照以下步骤。

（1）在设置机器人应用/工具【3: Robot Application/Tool】时，选择点焊应用【SpotTool+（H590）】选项，单击下一步【Next】按钮，如图3-64所示。

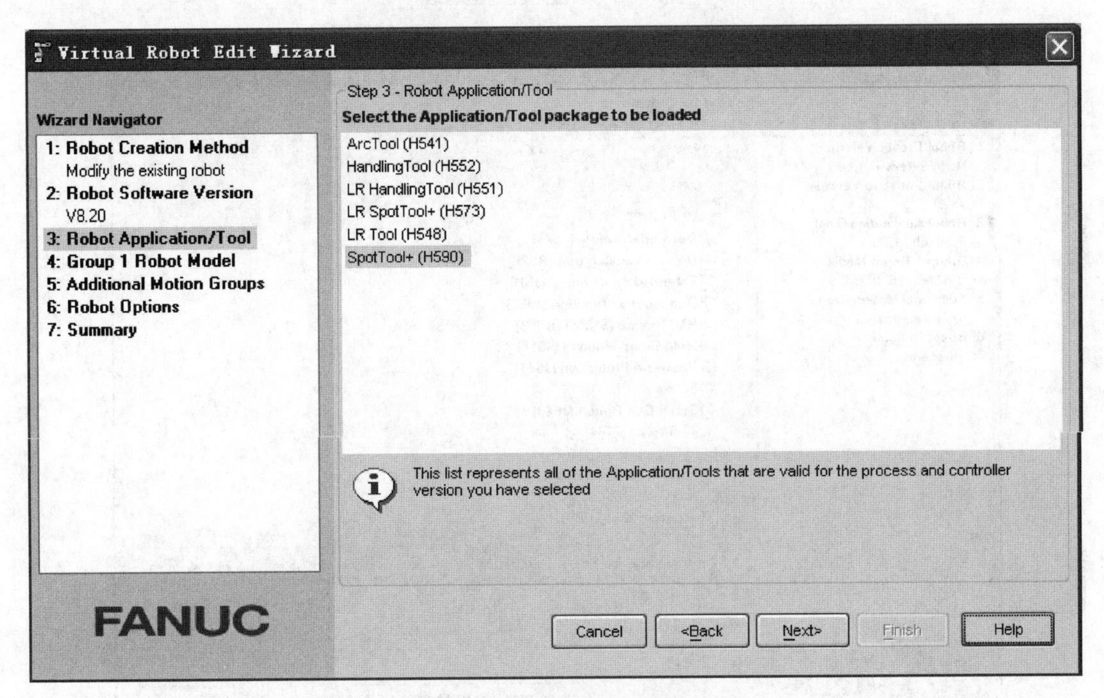

图3-64　设置机器人应用/工具

（2）在设置附加的运动组【5: Additional Motion Groups】时，选择伺服枪【H869】选项，并加入组2，单击下一步【Next】按钮，进入下一界面，如图3-65所示。

（3）在设置机器人选项【6: Robot Options】时，勾选伺服枪选项【Servo Gun Option（J643）】选项，单击下一步【Next】按钮，如图3-66所示。

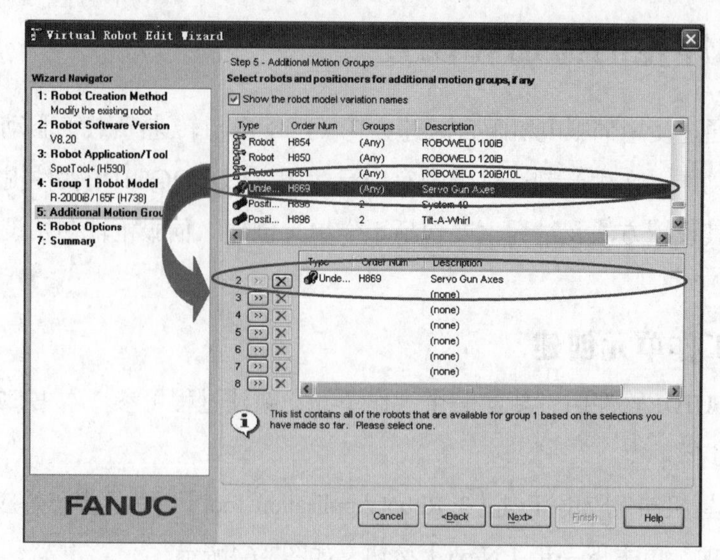

图3-65　设置附加的运动组

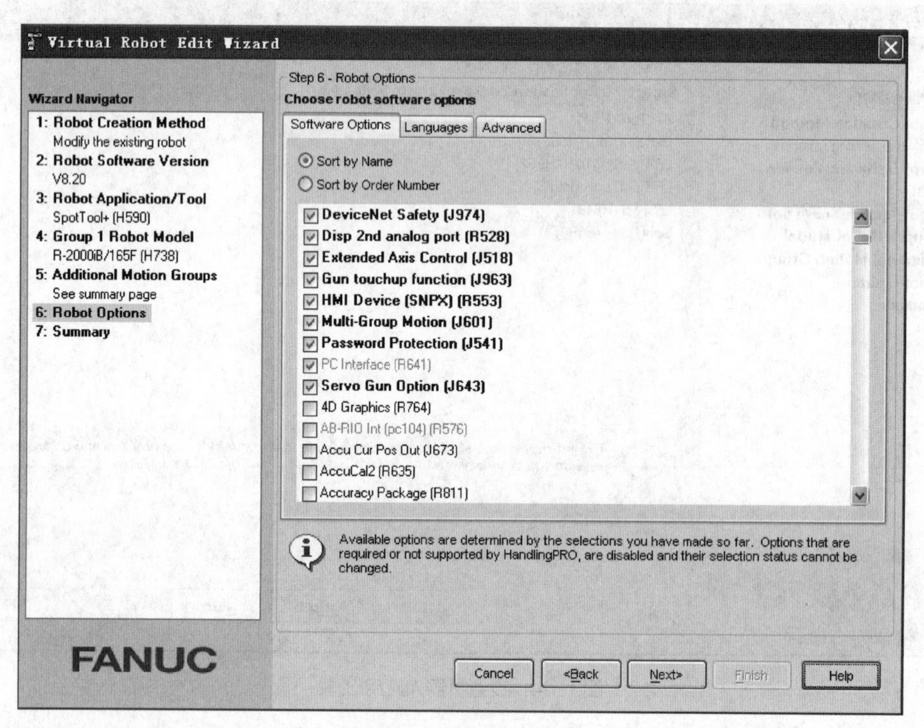

图3-66　设置机器人选项

3.4.2　伺服枪轴初始设定

伺服枪轴初始设定具体步骤如下。

（1）单击工具栏示教器【TP】按钮，选择工具栏机器人【Robot】→重启控制器【Restart Controller】→控制启动【Controlled Start】选项，进入控制启动模式界面，如图3-67所示。

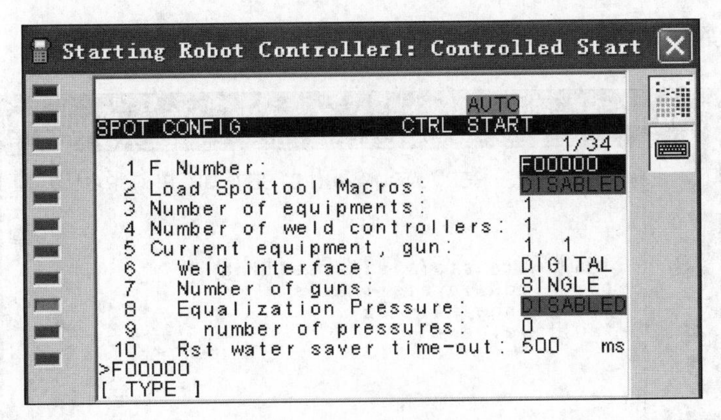

图3-67　控制启动模式界面

（2）选择菜单【MENU】选项，打开机器人设定【ROBOT MAINTENANCE】界面，如图3-68所示。

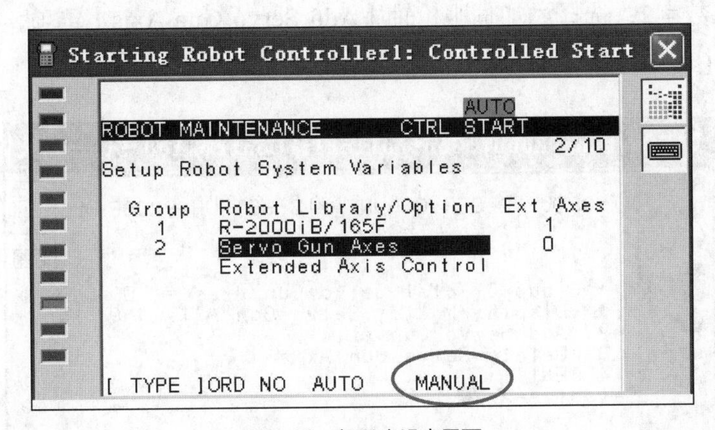

图3-68　机器人设定界面

选择伺服枪轴【Servo Gun Axes】选项，单击手动【MANUAL】按钮进行手动设置。

（3）输入数字1，选择【FSSB line 1（main axis card）】选项，按【Enter】键确认，如图3-69所示。

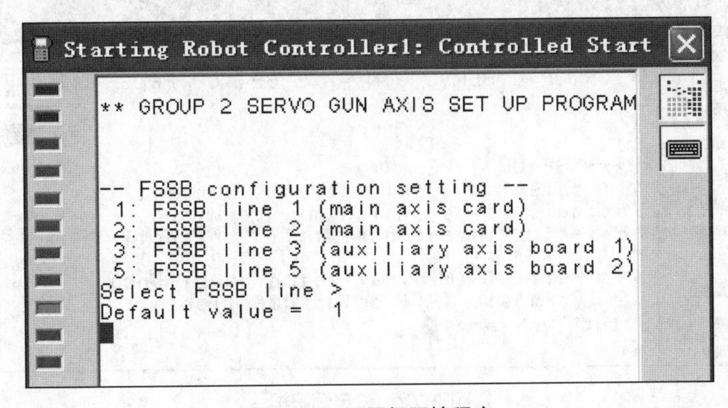

图3-69　设置伺服枪程序

（4）输入数字7，按【Enter】键确认，如图3-70所示。

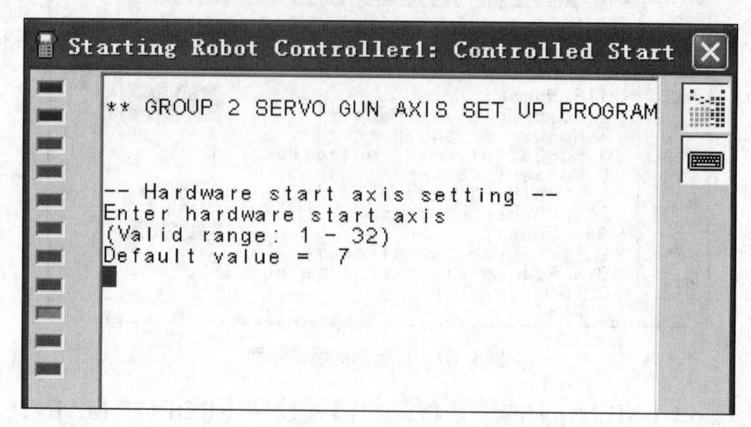

图3-70 设定轴

（5）输入数字2，选择添加伺服枪轴【Add Servo Gun Axis】选项，按【Enter】键确认，如图3-71所示。

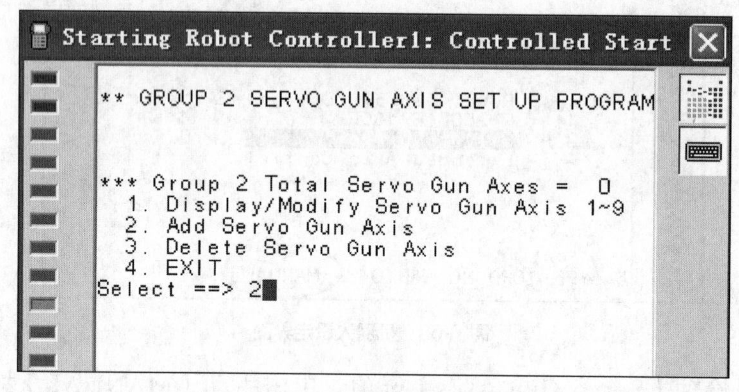

图3-71 添加伺服枪轴

（6）输入数字1，选择伺服枪轴部分设定方法【Partial】选项，按【Enter】键确认，如图3-72所示。

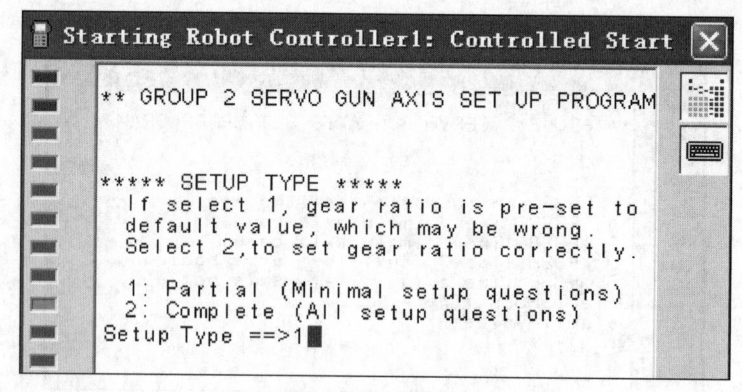

图3-72 设定伺服枪

伺服枪轴的设定方法分为部分设定方法【Partial】和全部设定方法【Complete】两种，它们的设定内容的差异如表3-2所示。

表3-2　伺服枪轴部分设定方法【Partial】和全部设定方法【Complete】设定内容的差异

设定项目	Partial	Complete
电机尺寸	◇	◇
放大器编号	◇	◇
制动器编号	◇	◇
齿轮比	□	◇
焊枪关闭方向	□（+）	◇
开启侧行程极限 /mm	□（999）	◇
加压侧行程极限 /mm	□（999）	◇
电机旋转方向	□（TURE）	◇
伺服超时	△	△
伺服超时时间	△	△
注： ◇：进行设定。 □：不进行设定。使用括号内的标准值，但是可以改变设定内容。 △：只有在制动器编号设定为0以外的值的情形下设定。		

（7）输入数字3，选择【ACa8/4000is 40A】选项，按【Enter】键确认，如图3-73所示。

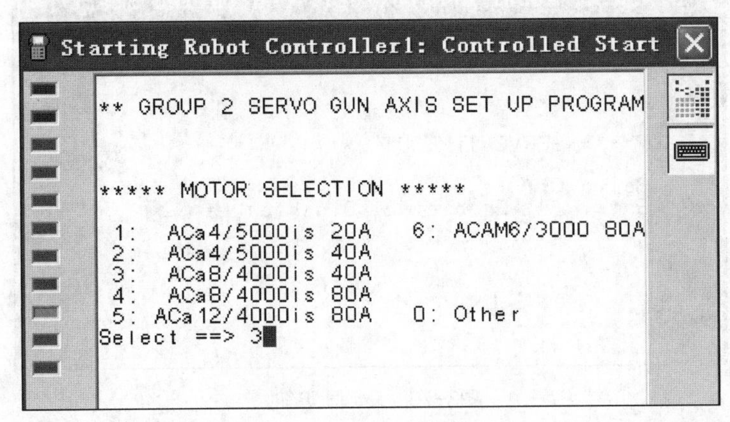

图3-73　选择电机类型

（8）输入数字2，选择放大器编号，按【Enter】键确认，如图3-74所示。

（9）输入数字1，选择制动器编号，按【Enter】键确认，如图3-75所示。

（10）输入数字2，选择无效【Disable】选项，按【Enter】键确认，如图3-76所示。

所示。

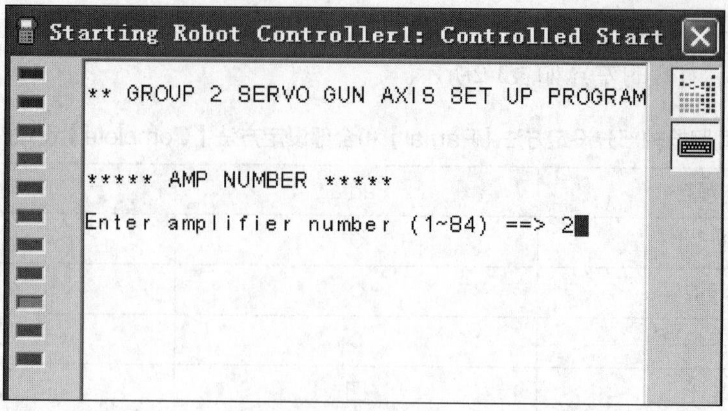

Starting Robot Controller1: Controlled Start

** GROUP 2 SERVO GUN AXIS SET UP PROGRAM

***** AMP NUMBER *****

Enter amplifier number (1~84) ==> 2

图3-74 选择放大器编号

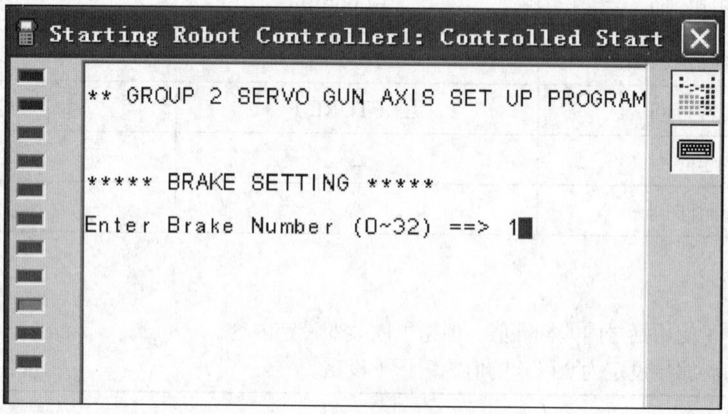

Starting Robot Controller1: Controlled Start

** GROUP 2 SERVO GUN AXIS SET UP PROGRAM

***** BRAKE SETTING *****

Enter Brake Number (0~32) ==> 1

图3-75 选择制动器编号

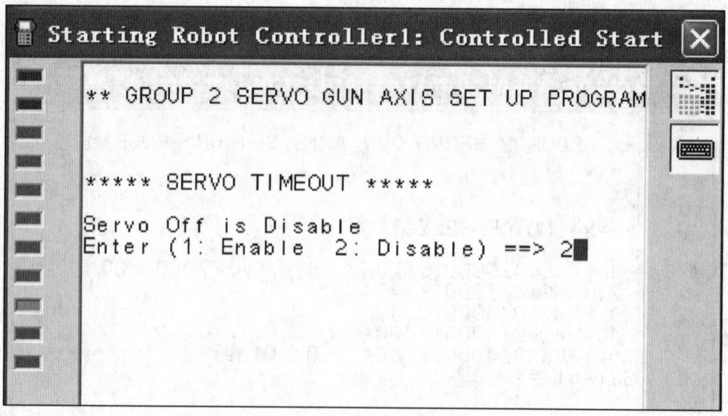

Starting Robot Controller1: Controlled Start

** GROUP 2 SERVO GUN AXIS SET UP PROGRAM

***** SERVO TIMEOUT *****

Servo Off is Disable
Enter (1: Enable 2: Disable) ==> 2

图3-76 设定伺服超时

（11）输入数字4，选择退出【EXIT】选项，按【Enter】键确认，如图3-77所示。

（12）启动模式转换。选择功能【Fctn】→冷启动【1.Start（Cold）】选项，退回至一般模式界面。

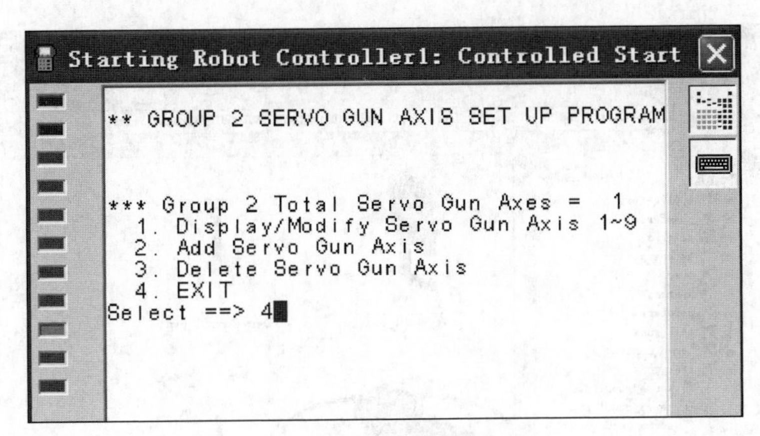

图3-77　退出

3.4.3　伺服枪的添加和设置

1. C型伺服枪的添加和设置

（1）打开导航目录【Cell Browser】，右击工具2【UT:2（Eoat2）】选项，选择工具库【Tooling Library】选项，如图3-78所示。

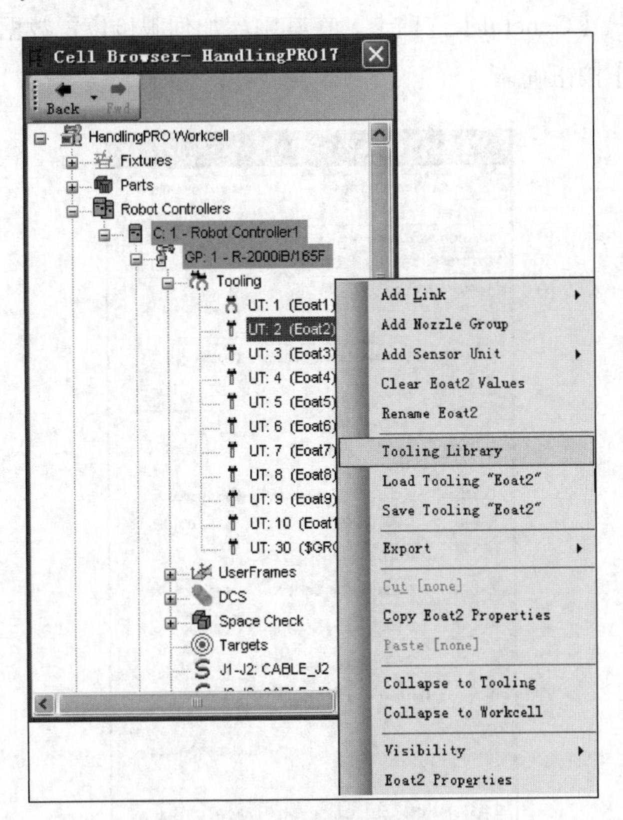

图3-78　选择工具库选项

（2）选择工具库【EOATs】→电焊枪【spot_guns】选项，选择一款C型伺服枪，单击确认【OK】按钮，如图3-79所示。

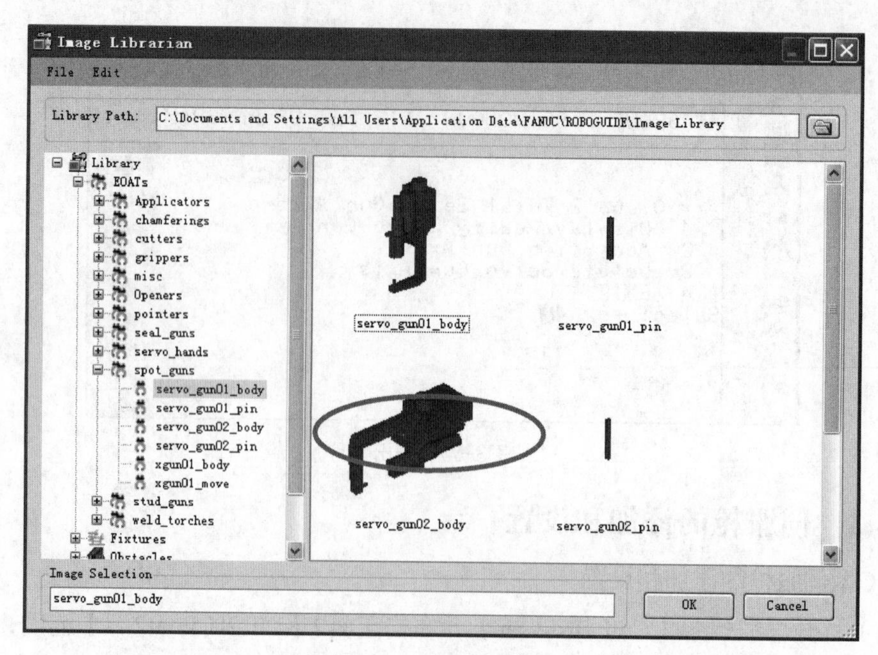

图3-79 选择C型伺服枪

（3）单击常规【General】选项卡，在其中添加伺服枪位置数据，如图3-80所示，单击应用【Apply】按钮确认。

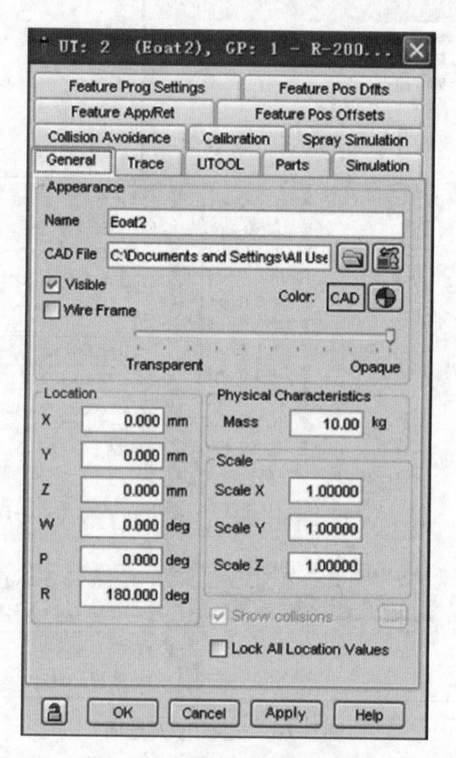

图3-80 添加伺服枪位置数据

将伺服枪添加至机器人机器臂末端，添加效果如图3-81所示。

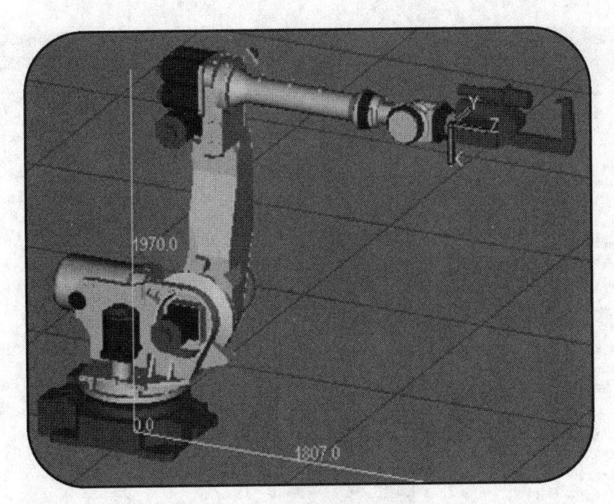

图3-81 伺服枪添加效果

（4）打开导航目录【Cell Browser】，右击工具2【UT:2（Eoat2）】选项，选择添加链接【Add Link】→模型库【CAD Library】选项，如图3-82所示。

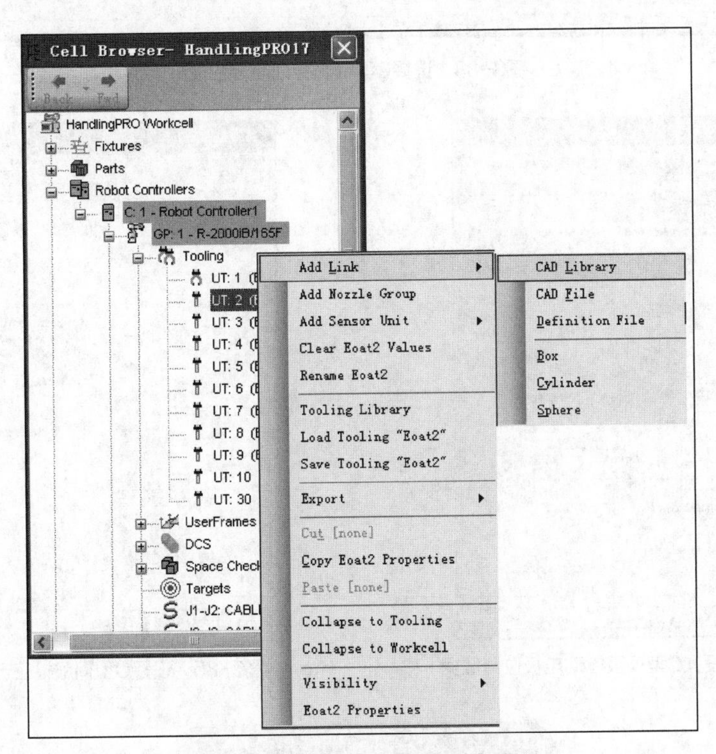

图3-82 选择【CAD Library】选项

（5）选择C型伺服枪动电极数模，单击确认【OK】按钮，如图3-83所示。

（6）单击链接数模【Link CAD】选项卡，在其中设置C型伺服枪动电极位置数据，单击应用【Apply】按钮确认，如图3-84所示。

（7）单击常规【General】选项卡，在其中设置电机 Z 轴方向，即确定C型伺服枪正运动方向，如图3-85、图3-86所示。

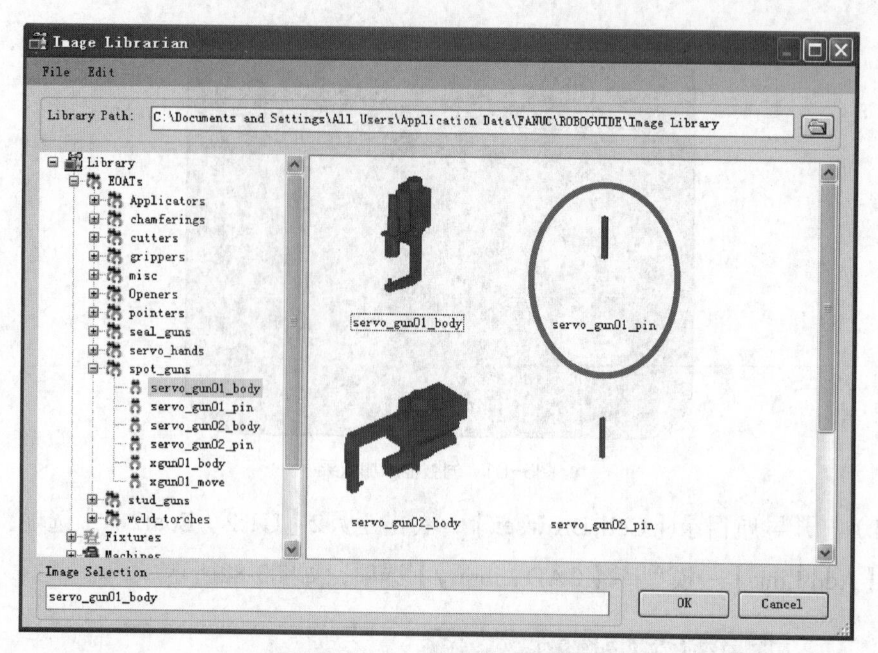

图3-83　选择C型伺服枪动电极数模

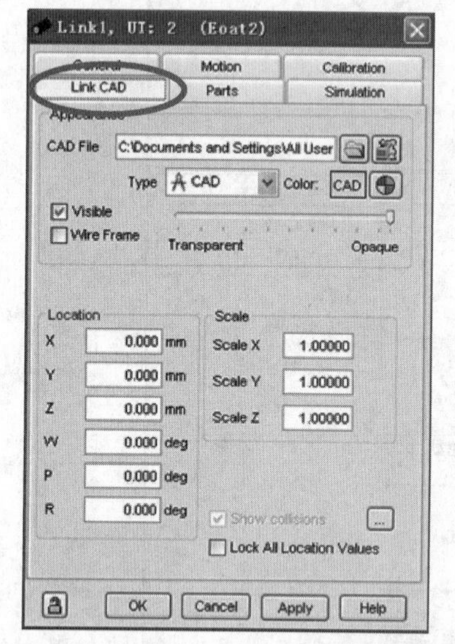

图3-84　设置C型伺服枪动电极位置数据

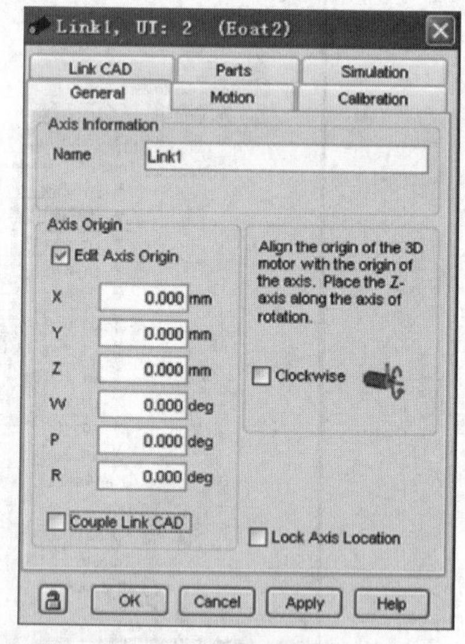

图3-85　设置C型伺服枪正运动方向

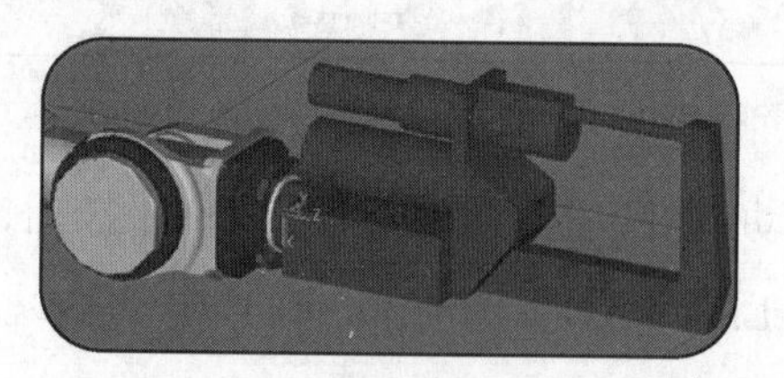

图3-86　C型伺服枪正运动方向

（8）选择动作【Motion】选项卡，在其中确定伺服电机控制方式，单击应用【Apply】按钮确认，如图3-87所示。

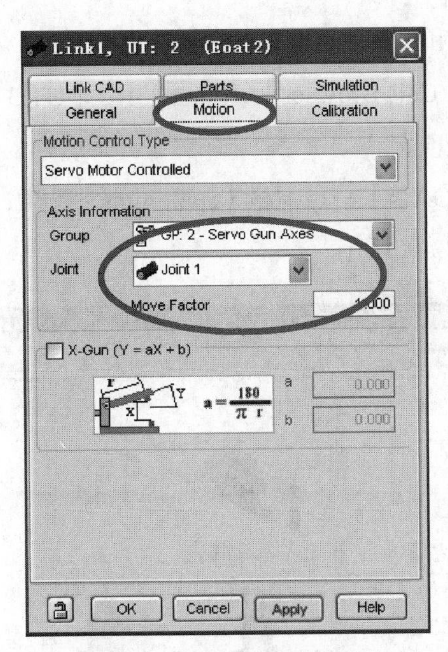

图3-87　确定伺服电机控制方式

（9）打开虚拟示教器，选择菜单【MENU】→下一页【0.Next】→系统设定【6.System】→轴范围【Axis Limits】选项，修改伺服枪轴的限位后，选择功能【FCTN】→下一页【0.Next】→循环启动【8.Cycle Power】选项，结果如图3-88所示。

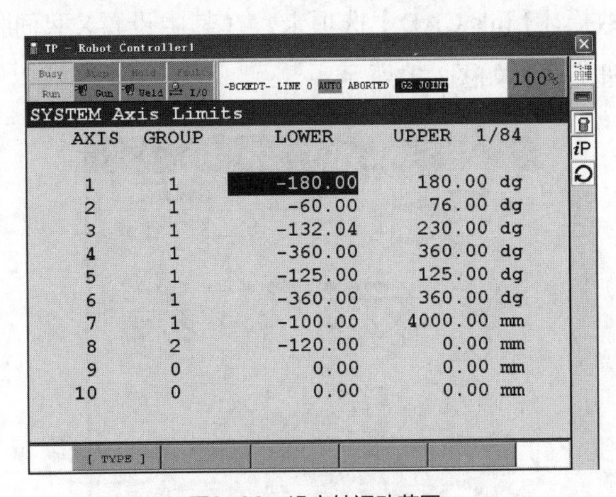

图3-88　设定轴运动范围

（10）点动伺服枪。选择功能【FCTN】→切换群组【3.Change Group】选项，按【ENTER】键确认，即可点动伺服枪，结果如图3-89所示。

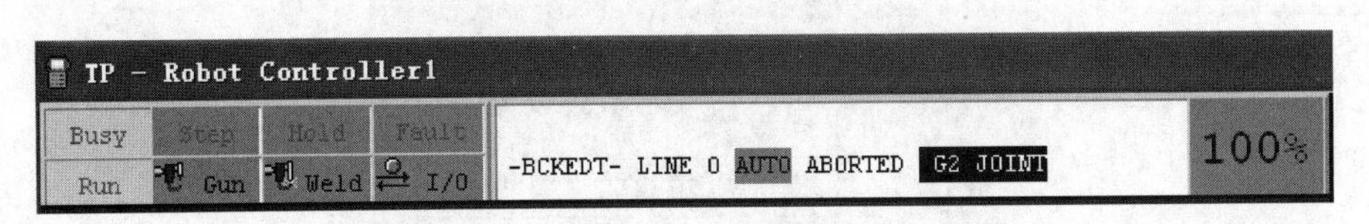

图3-89　点动伺服枪

2. X型伺服枪的添加和设置

（1）打开导航目录【Cell Browser】，右击工具3【UT:3（Eoat3）】选项，选择工具库【Tooling Library】选项。

（2）选择工具库【EOATs】→点焊枪【spot_guns】选项，选择一款X型伺服枪，单击确认【OK】按钮，如图3-90所示。

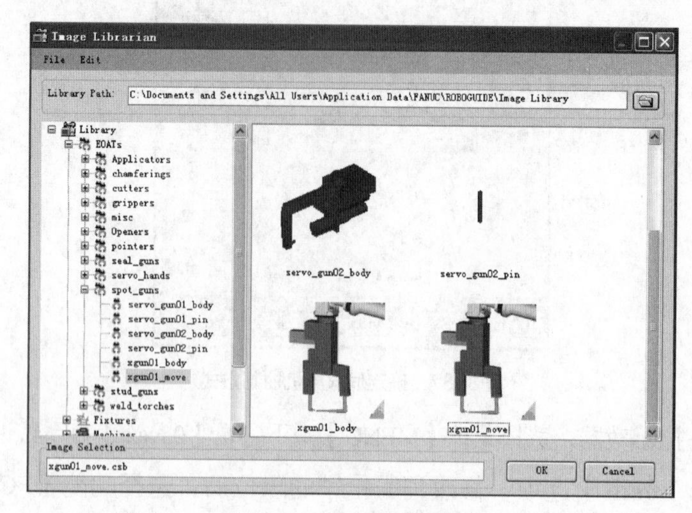

图3-90　选择X型伺服枪

（3）单击链接数模【Link CAD】选项卡，在其中设置X型伺服枪的位置数据，单击应用【Apply】按钮确认，如图3-91所示。

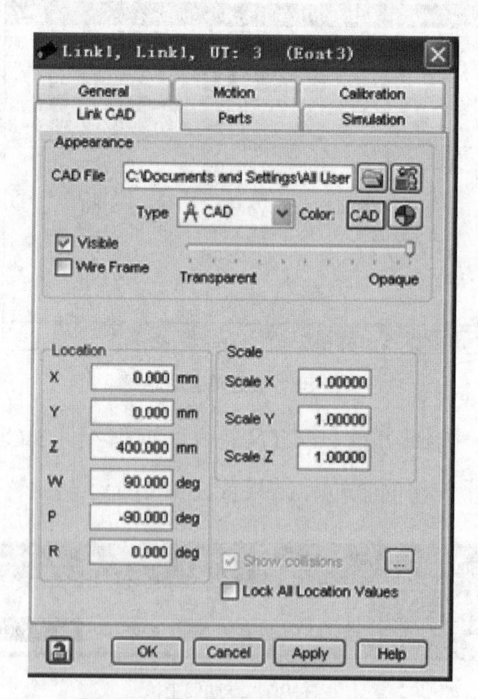

图3-91　设置X型伺服枪的位置数据

（4）打开导航目录【Cell Browser】，右击工具3【UT:3（Eoat3）】选项，选择添加链接【Add Link】→模型库【CAD Library】选项。

（5）选择X型伺服枪动电极数模，单击确认【OK】按钮。

（6）单击链接数模【Link CAD】选项卡，在其中设置动电极位置数据，单击应用【Apply】按钮确认。

（7）单击常规【General】选项卡，在其中设置电机Z轴方向，即确定X型伺服枪的旋转点，如图3-92所示。

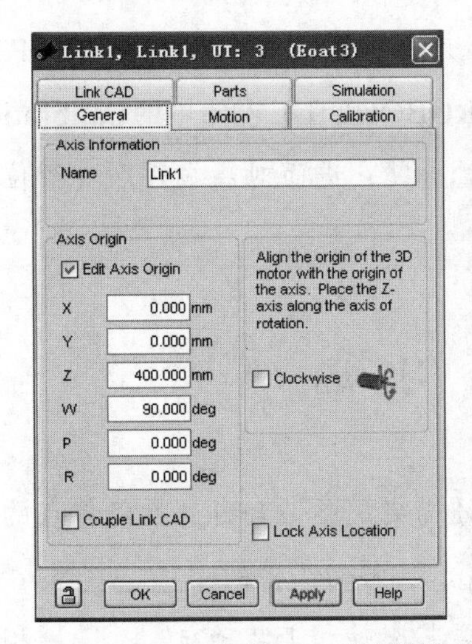

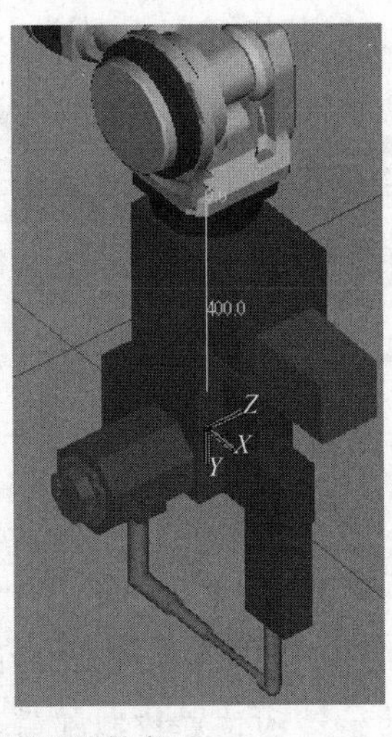

图3-92　确定X型伺服枪的旋转点

（8）选择动作【Motion】选项卡，在其中确定伺服电机控制方式，并设置X型伺服枪参数，单击应用【Apply】按钮确认，如图3-93所示。

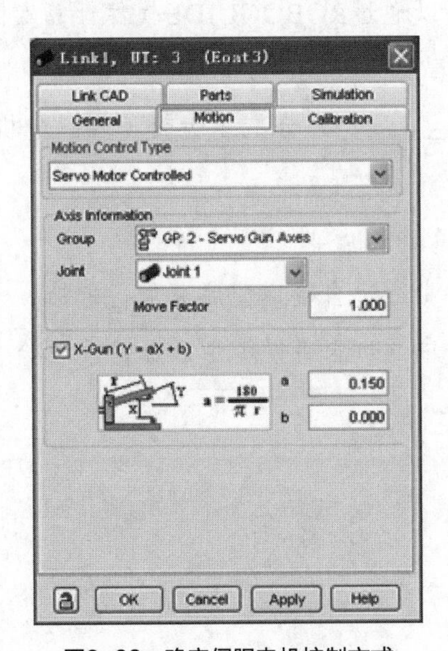

图3-93　确定伺服电机控制方式

（9）设置完成后，可通过虚拟示教器点动伺服枪。

注意：若设定伺服枪初始值时，没有进行轴限位的设定，可将示教器界面上的轴限位选项修改为合适的数据。

小　结

在ROBOGUIDE软件中，添加附加轴、添加伺服枪的设置方式与实际控制器的设置方式相同，添加时参数设置步骤较多，可按顺序逐步完成相应的参数设置。ROBOGUIDE软件中的Simulator功能，只需机器人控制柜TCP/IP、FTP、计算机IP连通，便能实现软件与机器人本体联动。ROBOGUIDE软件中的Calibration功能，可实现仿真环境与生产实际下机器人轨迹偏移量计算，进而对离线程序进行位置修改，以提高机器人离线编程的准确性。

练 习 题

一、填空题

① 在实际生产中，工业机器人一般还需要配备贴合自身性能特点的外围设备，如机器人移动的________、转动工件的________、移动工件的________等。

② 外围设备的运动和位置控制都需要基座轴和工装轴与________相配合，并具备符合相应要求的精度。

③ Simulator功能是通过仿真软件ROBOGUIDE监控________。

④ Calibration功能是可以通过ROBOGUIDE软件计算实际与仿真的________，进而自动对程序进行位置修改。

⑤ 伺服焊枪通过使用________配合减速齿轮（匹配电机转速/负载）驱动焊枪机械臂运动完成焊接动作。

二、实践题

① 在ROBOGUIDE软件中通过自带模型库添加行走轴。

② 在ROBOGUIDE软件中通过自带模型库添加伺服焊枪。

第4章

项目实战——连续轨迹路径示教器编程仿真

本章将在系统介绍ROBOGUIDE软件功能模块的参数设置及功能作用的基础上，利用连续轨迹路径示教器编程仿真案例，详细讲解ROBOGUIDE软件仿真工作站搭建的具体流程、虚拟示教器界面常用按键的功能运用，帮助读者掌握ROBOGUIDE软件离线编程及系统仿真的基本方法。

4.1 项目概述

现有条件：FANUC-M-10iA/12六轴工业机器人1台；学习示教桌1张，如图4-1所示；轨迹笔1支，可以从软件模型库中自选添加轨迹笔数模；学习轨迹板1块，如图4-2所示；复杂轨迹线路图1张，如图4-3所示。可从软件模型库中自选添加围栏，学习示教桌与学习轨迹板可以通过运用第三方的三维软件建模后导入ROBOGUIDE软件。

要求：使用ROBOGUIDE软件搭建连续轨迹路径示教编程仿真工作站。

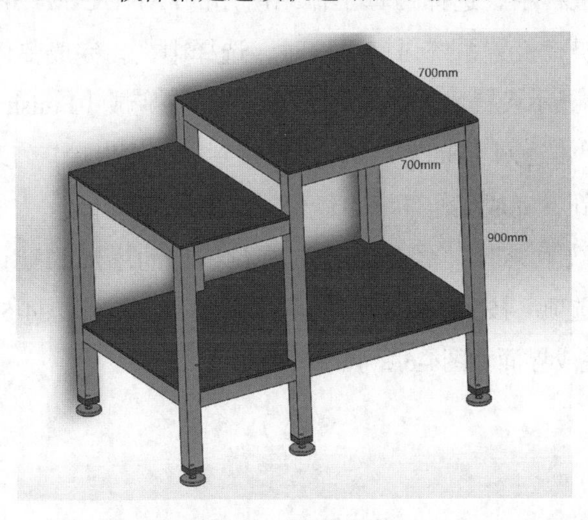

图4-1　学习示教桌

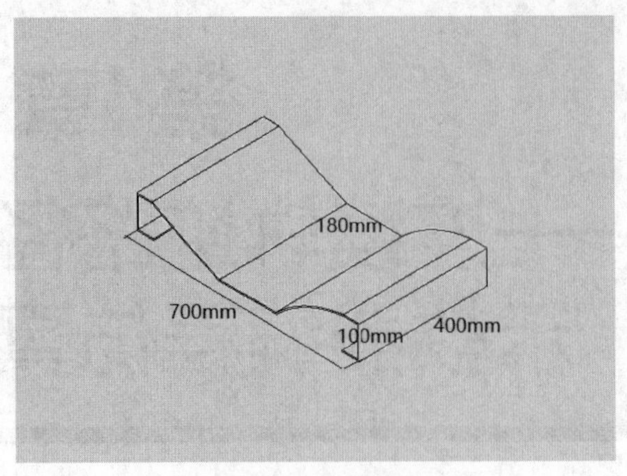

图4-2 学习轨迹板

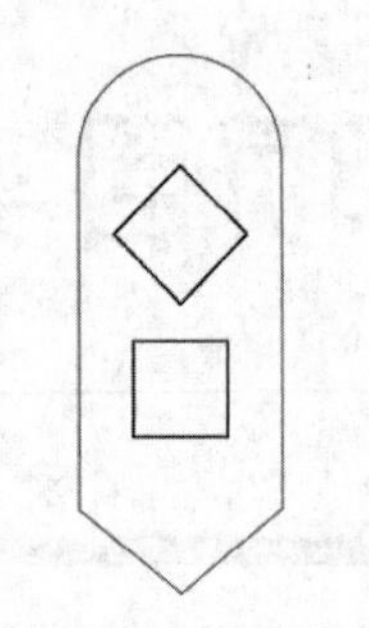

图4-3 复杂轨迹线路图

针对这样一个工作任务，我们可以在ROBOGUIDE软件中，通过新建工作单元进行外部模型的添加，再添加轨迹笔和进行TCP设置，然后创建轨迹图和导入轨迹贴图，最后进行虚拟示教器编程。

4.2 创建连续轨迹路径示教器编程仿真工作站

创建连续轨迹路径示教器编程仿真工作站首先要新建工作单元，选择仿真所用的FANUC-M-10iA/12六轴工业机器人，在此基础上，添加外部模型，如机器人安装底座、学习示教桌、围栏等周边设备，再导入变压器、控制柜、IO箱、示教器等，完成编程仿真工作站的所需要素的创建。

4.2.1 新建工作单元

创建工作单元过程中，选择仿真工作站所用的FANUC-M-10iA/12六轴工业机器人，无须选择变位机；设置系统语言环境时，选择中文，完成整体设置后，选择汇总【Summary】选项，显示设置目录，确定无误后，单击完成【Finish】按钮；如果需要修改设置参数，可以单击返回【Back】按钮，退回到之前的步骤，修改参数设置，然后单击完成【Finish】按钮，完成工作环境的建立，并进入工作环境。

更换机器人末端工具时，需要删除之前系统自动添加的默认工具。单击工具1【UT:1（Eoat1）】选项，按【Delete】键即可删除，如图4-4、图4-5所示。

工作环境创建完成界面如图4-6所示。

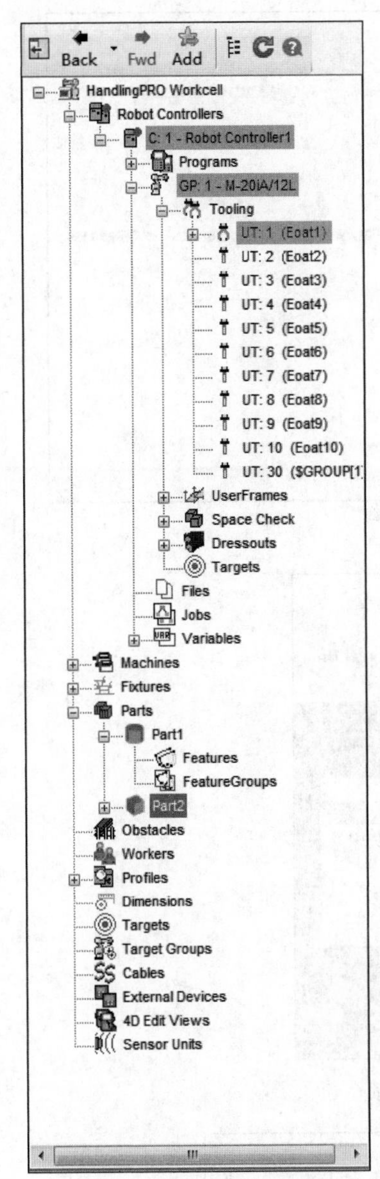

图4-4　选择工具1选项

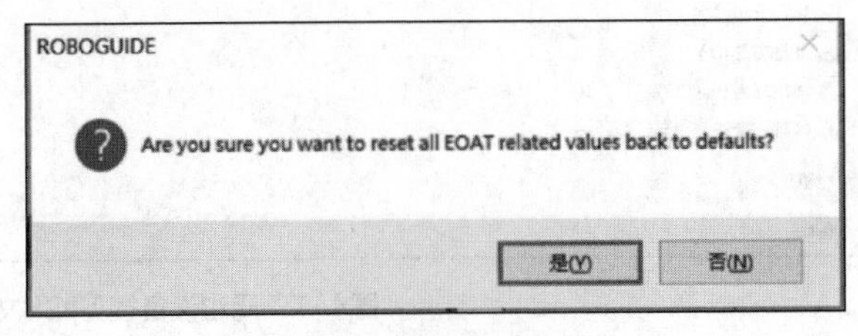

图4-5　删除默认工具

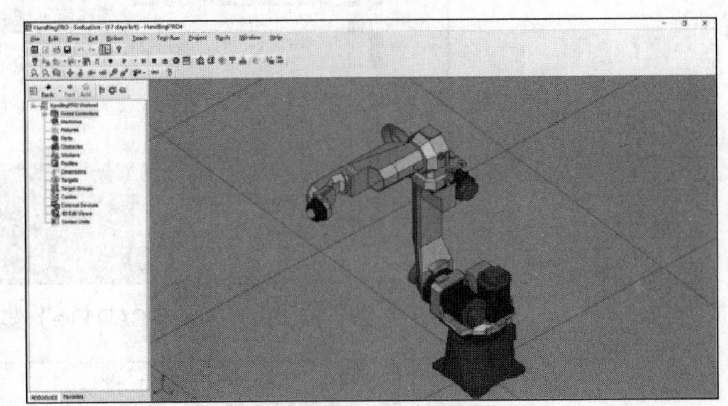

图4-6　工作单元环境创建完成界面

4.2.2　外部模型添加

1. 三维建模

利用SW、UG等第三方的三维建模软件完成周边设备建模，并将建好的模型文件存储在指定文件夹中，将其设置为IGS文件格式，以便ROBOGUIDE软件后期导入外部模型，如图4-7所示。

2. 添加周边设备模型

（1）添加机器人安装底座。右击工装【Fixtures】选项，单击【Add Fixture】→【Single CAD File】选项，如图4-8所示。在模型文件夹中选取机器人安装底座，如图4-9所示。

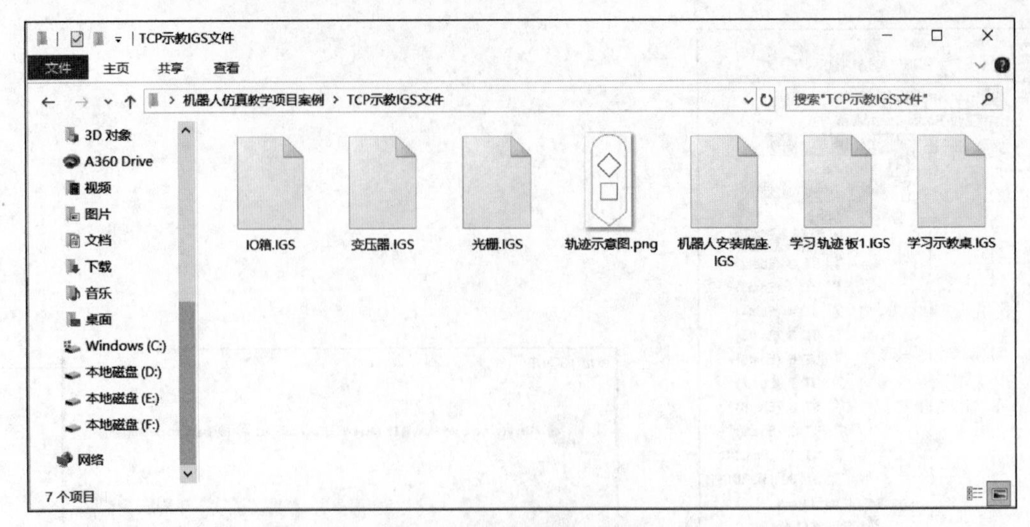

图4-7　周边设备模型IGS文件

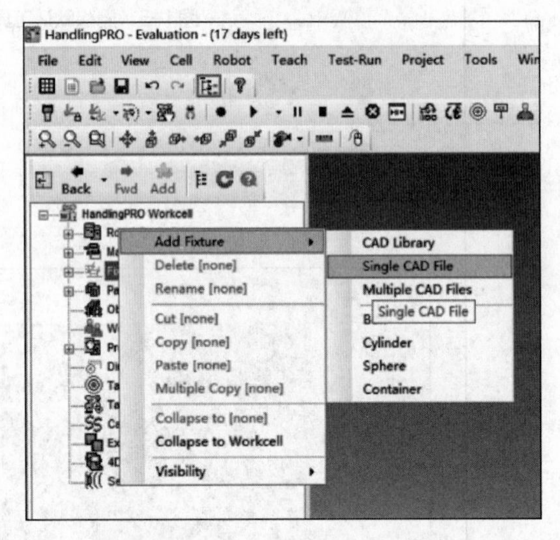

图4-8　单击【Single CAD File】选项

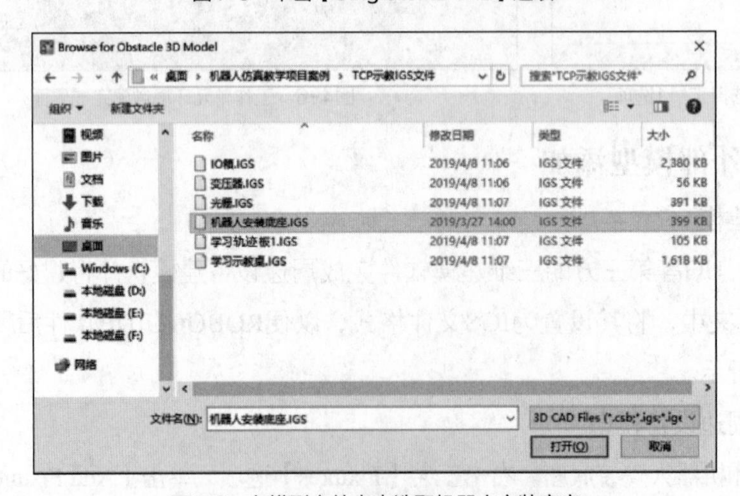

图4-9　在模型文件夹中选取机器人安装底座

设置机器人安装底座数据，如图4-10所示。勾选锁定所有位置值【Lock All Location Values】选项，锁定后的机器人安装底座与机器人本体安装座重合，如图4-11所示。

注意：导入的机器人安装底座模型的三维建模原点与机器人世界坐标偏离时，可自行调整。

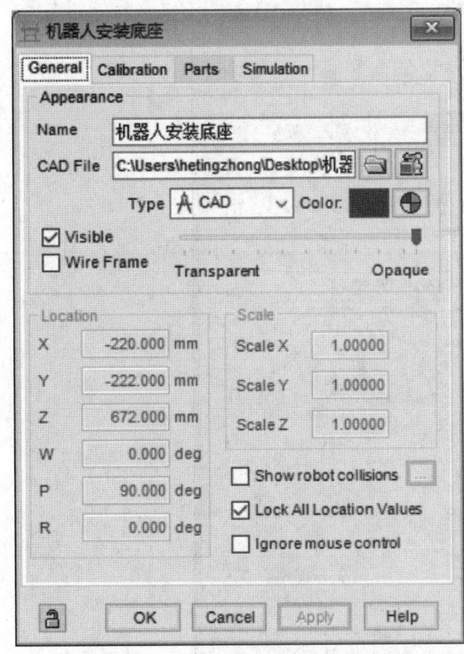

图4-10　设置机器人安装底座数据

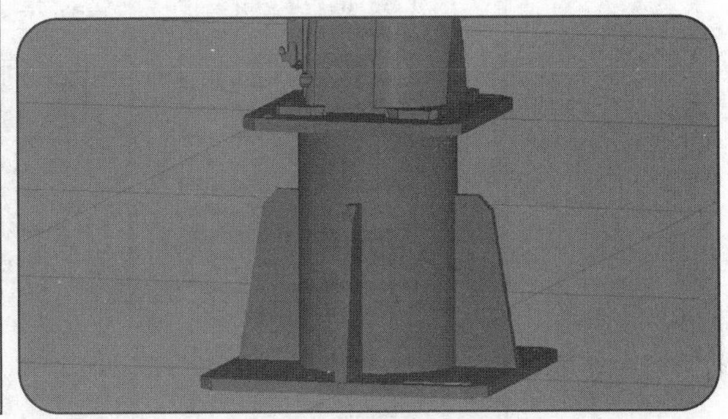

图4-11　锁定后的机器人安装底座与机器人本体安装座重合

（2）按照添加机器人安装底座步骤添加学习示教桌，按照要求设定位置、尺寸后，勾选锁定所有位置值【Lock All Location Values】选项进行锁定，如图4-12所示。

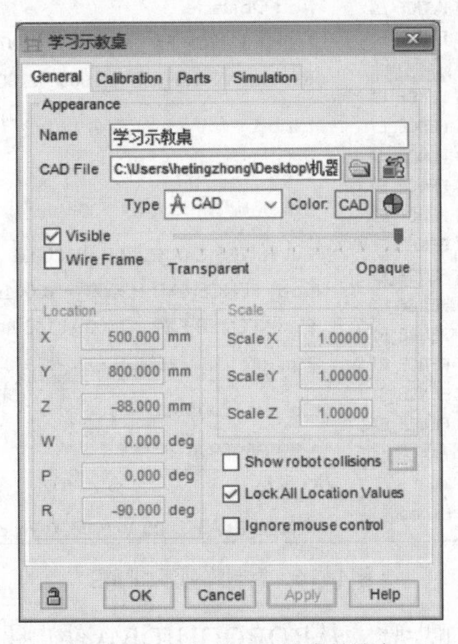

图4-12　添加学习示教桌并锁定

（3）打开导航目录【Cell Browser】，右击障碍物【Obstacles】选项，从软件自带障碍物模型库中添加围栏，可单个逐次添加，如图4-13所示，也可复制阵列添加，如图4-14所示。

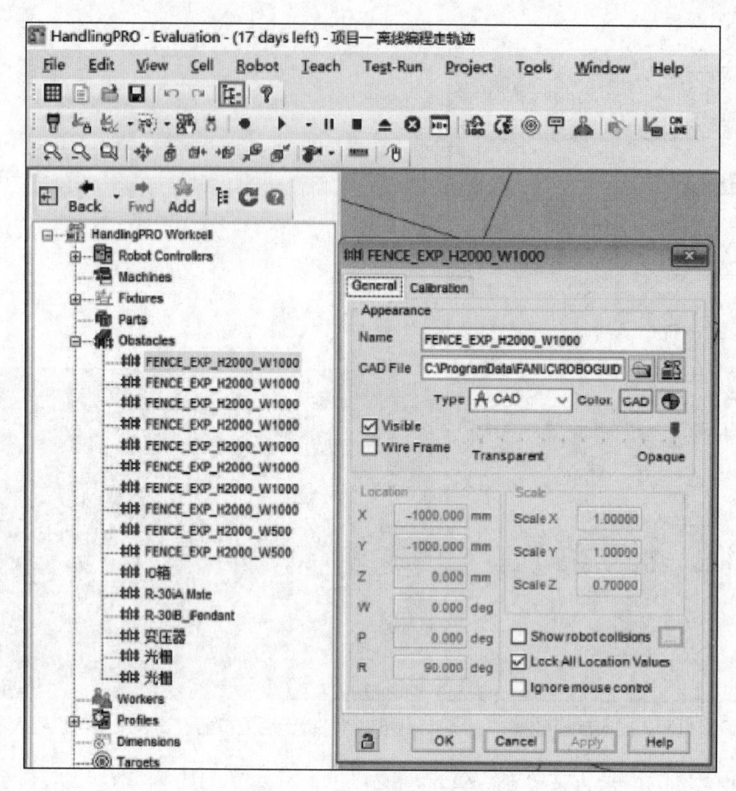

图4-13 单个逐次添加围栏

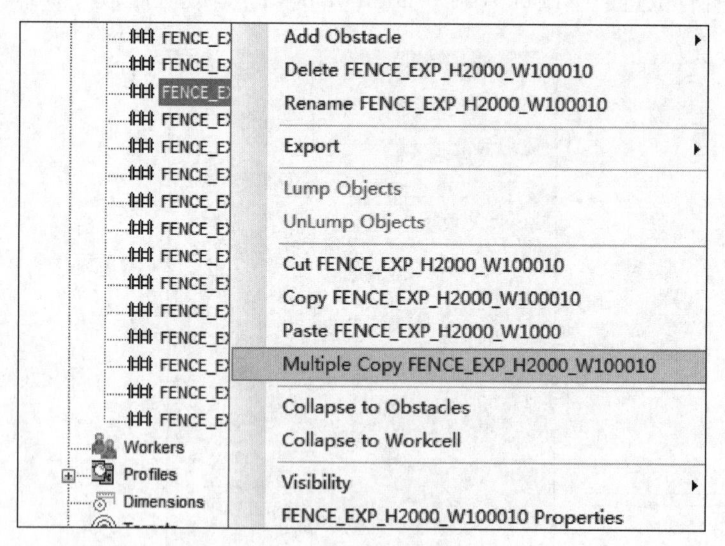

图4-14 复制阵列添加围栏

同理，按照围栏的添加步骤，从ROBOGUIDE软件自带的模型库中选取或自建模型，以障碍物【Obstacles】的添加方式，添加变压器、控制柜、IO箱、示教器等，分别如图4-15～图4-18所示，最终呈现出图4-19所示的仿真工作站布局效果。

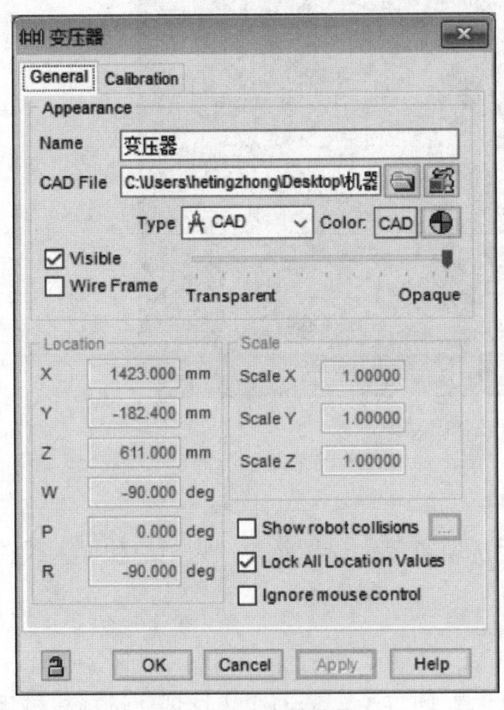

图4-15 添加变压器

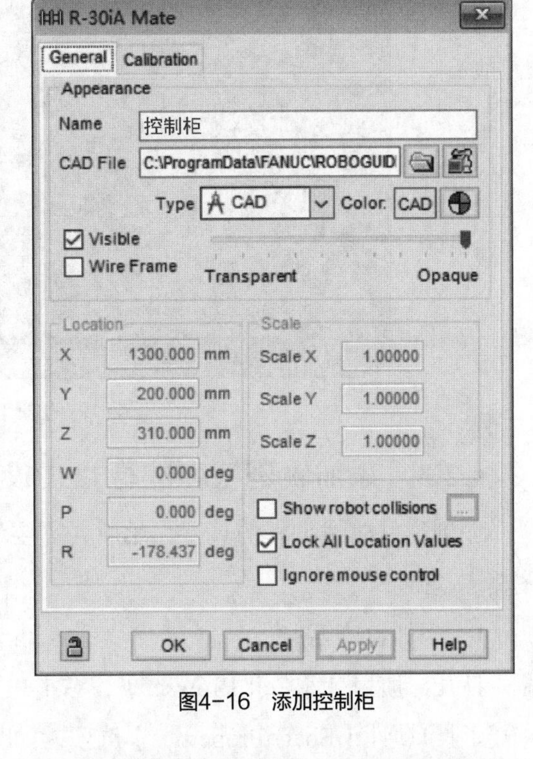

图4-16 添加控制柜

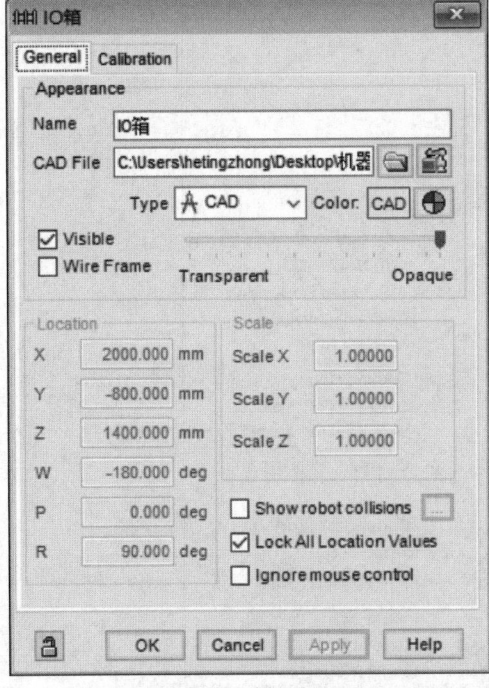

图4-17 添加IO箱

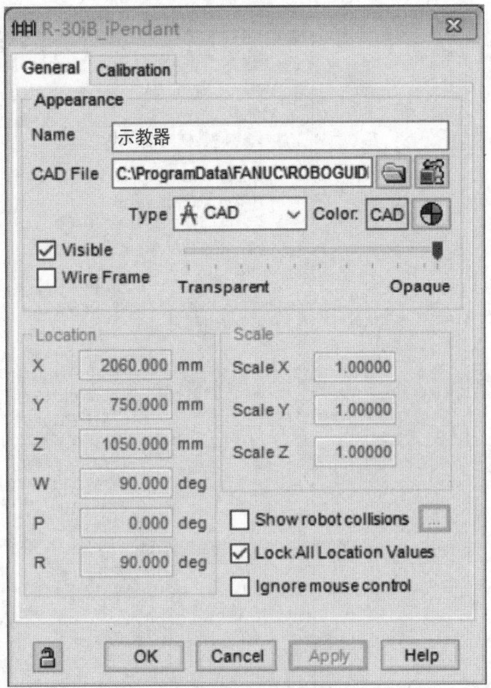

图4-18 添加示教器

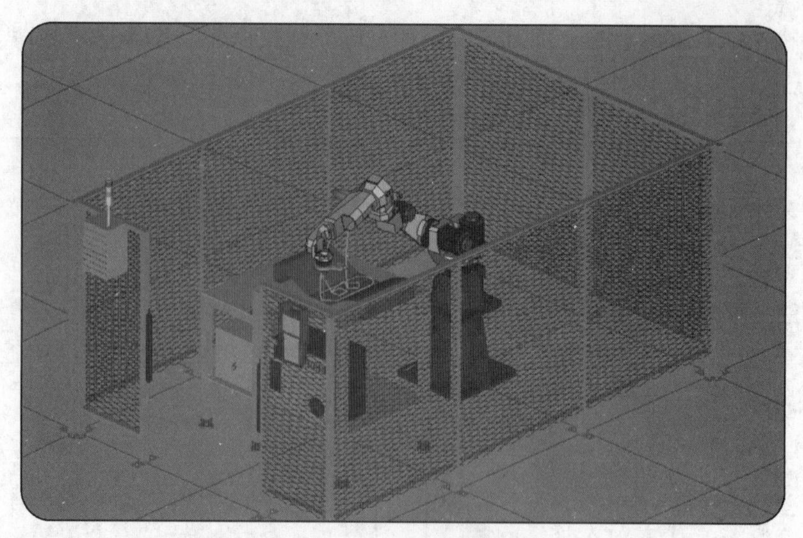

图4-19　仿真工作站布局效果

4.2.3　添加轨迹笔和进行TCP设置

在创建好离线编程仿真工作站后，需要添加轨迹笔和设置TCP，为创建和导入轨迹图奠定基础。

1. 添加轨迹笔

打开导航目录【Cell Browser】，右击1号工具【UT:1（Eoat1）】选项，选择机械手末端工具1属性【Eoat1 Properties】选项，如图4-20所示。

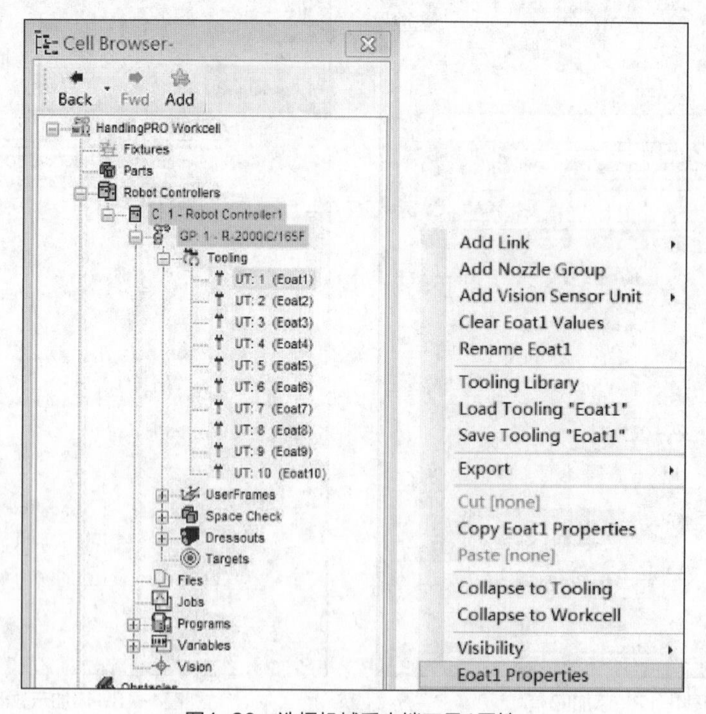

图4-20　选择机械手末端工具1属性

从模型库中选择轨迹笔【AirBlow_Hand01】选项，单击确认【OK】按钮，如图4-21所示。

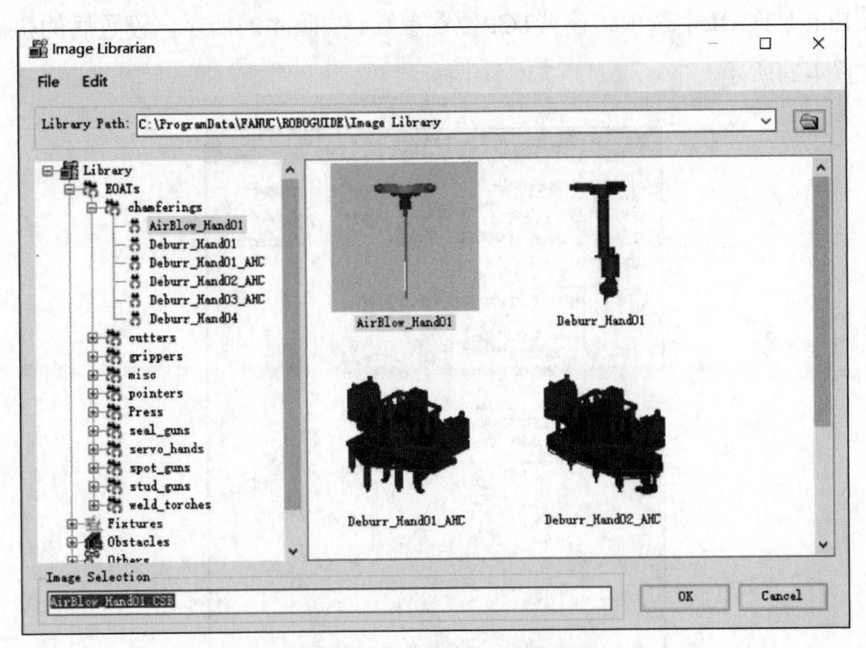

图4-21 从模型库中选择轨迹笔

调整轨迹笔的大小和位置，勾选锁定所有位置值【Lock All Location Values】选项进行锁定，如图4-22所示。

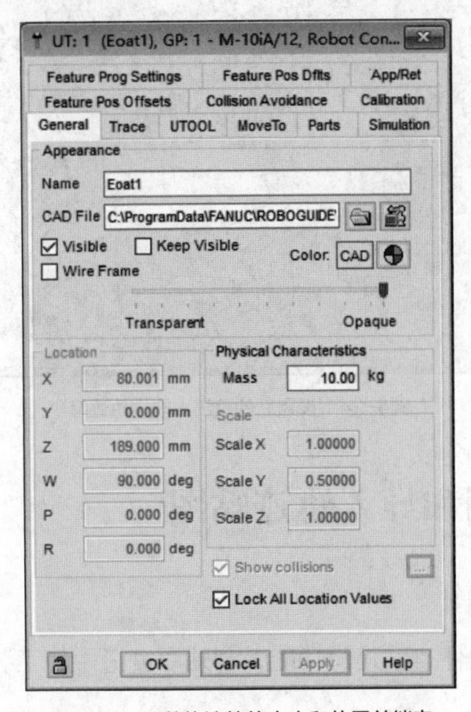

图4-22 调整轨迹笔的大小和位置并锁定

2. 进行TCP设置

在机械手末端工具1属性界面，选择工具【UTOOL】选项卡，在其中勾选编辑工具坐标系【Edit UTOOL】选项，设置TCP位置参数，如图4-23所示。设置后的机器人末端轨迹笔如图4-24所示。

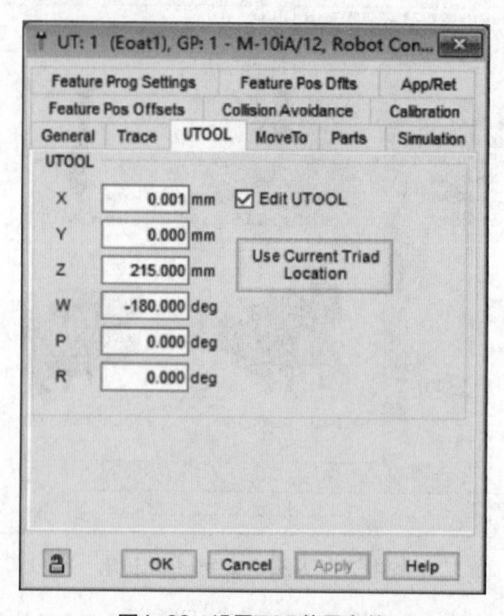

图4-23　设置TCP位置参数

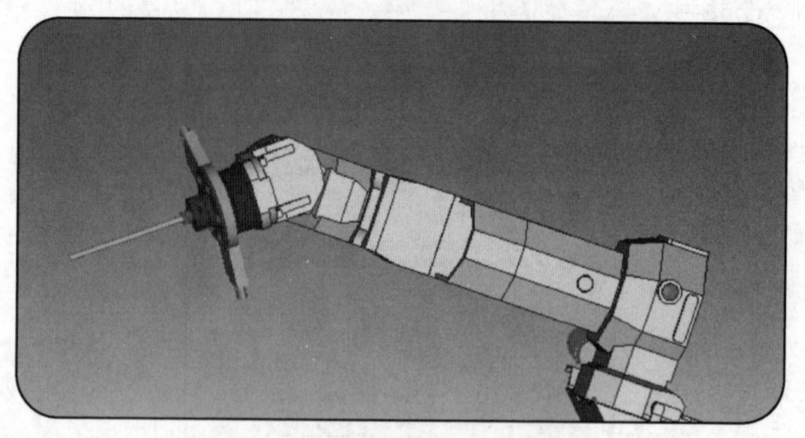

图4-24　设置后的机器人末端轨迹笔

4.3　创建轨迹图和导入轨迹贴图

4.3.1　创建轨迹图

利用ROBOGUIDE软件自动建模功能，创建厚度适中的工装，图4-25所示为添加立方体模型。

图4-25　添加立方体模型

打开导航目录【Cell Browser】，单击工装【Fixtures】选项，双击【学习板1】选项，打开属性界面，选择常规【General】选项卡，在其中设置工装1【Fixtures1】的位置及尺寸数据，如图4-26所示。

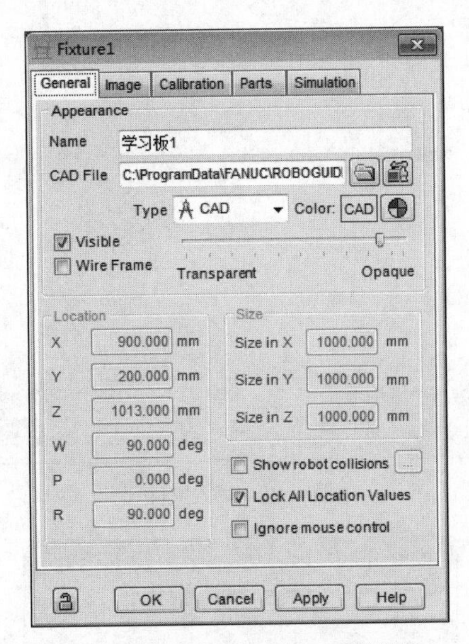

图4-26　设置工装1位置及尺寸数据

4.3.2　导入轨迹贴图

在图4-26所示的界面中，选择贴图【Image】选项卡，在其中导入轨迹贴图文件，如图4-27所示。

ROBOGUIDE软件支持PNG、JPG、BMP、GIF、TIF图片文件格式，导入文件如图4-28所示。

根据导入的轨迹贴图姿态，调整轨迹贴图位置，如图4-29所示。

轨迹贴图调整完成效果如图4-30所示。

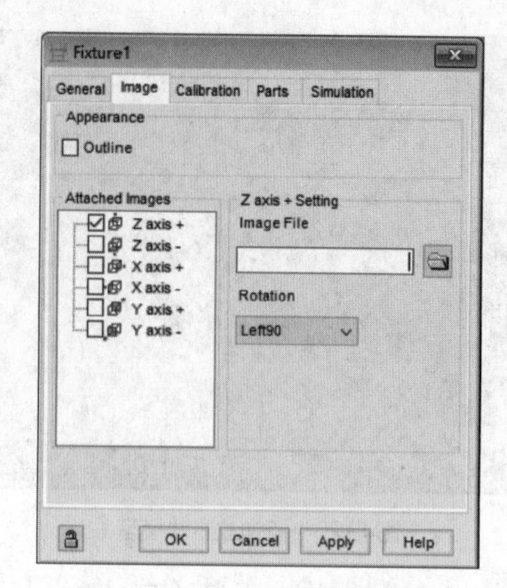

图4-27　导入示教轨迹贴图文件

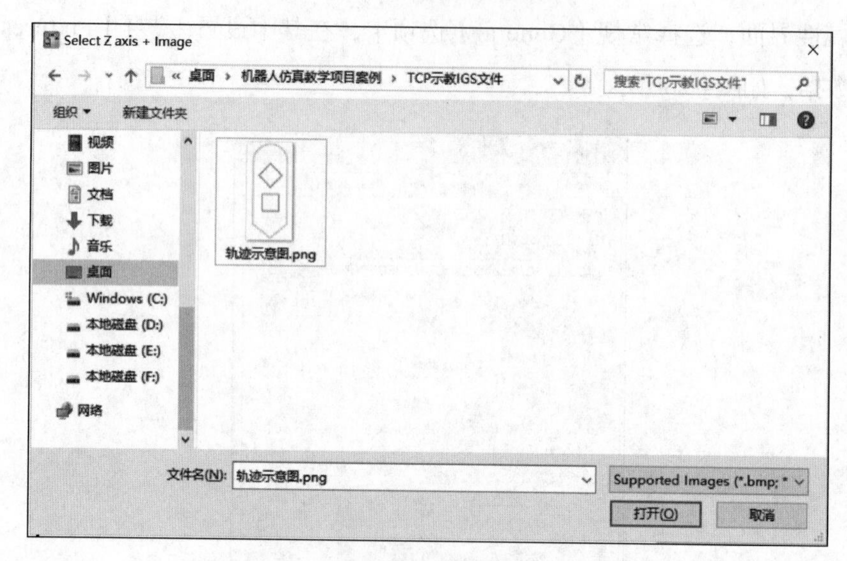

图4-28　导入文件

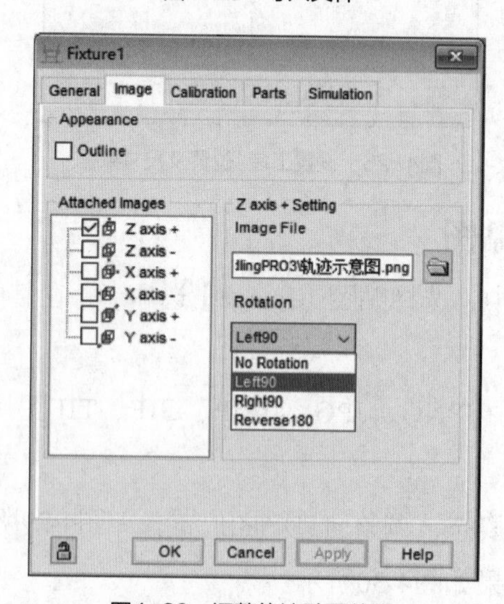

图4-29　调整轨迹贴图位置

图4-30　轨迹贴图调整完成效果

4.4　虚拟示教器编程

4.4.1　创建仿真程序

在ROBOGUIDE软件环境中，完成离线编程仿真工作站的创建，添加完成轨迹笔，设置好TCP位置数据，创建完成轨迹贴图后，就可以在虚拟示教器上编写程序了。

（1）打开ROBOGUIDE软件，单击工具栏中的虚拟示教器按钮，如图4-31所示，打开虚拟示教器。

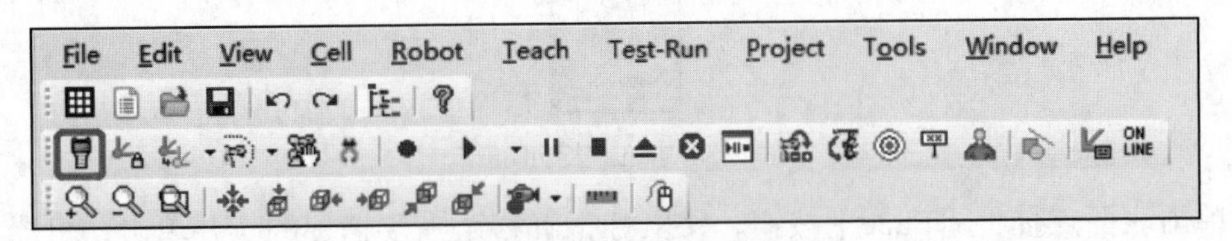

图4-31　虚拟示教器按钮

（2）利用虚拟示教器创建程序。按虚拟示教器一览【SELECT】按钮，创建程序，虚拟示教器界面如图4-32所示。

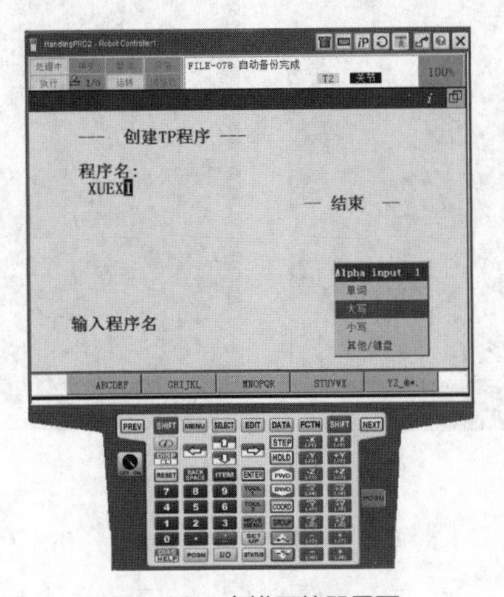

图4-32　虚拟示教器界面

虚拟示教器与真实示教器操作基本相同，区别在于虚拟示教器没有DEADMAN开关，但虚拟示教器设有切换按钮。

（3）单击工具栏中的点位捕捉按钮，会弹出点位捕捉功能窗口，如图4-33所示。

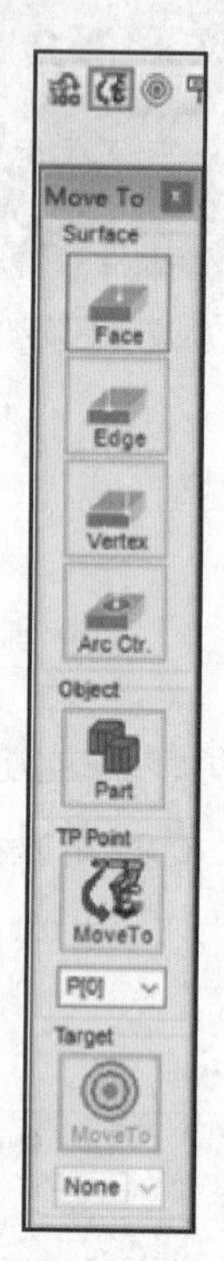

图4-33　点位捕捉功能窗口

单击表面点捕捉【Face】按钮，将鼠标指针移至需要捕捉的点并单击，机器人的TCP会自动到达选择的位置，如图4-34所示。

图4-34　选择捕捉点

（4）示教点位的捕捉。机器人的TCP自动到达选择的位置后，会通过示教器记录点位位置，完成机器人行走的轨迹记录，如图4-35所示。

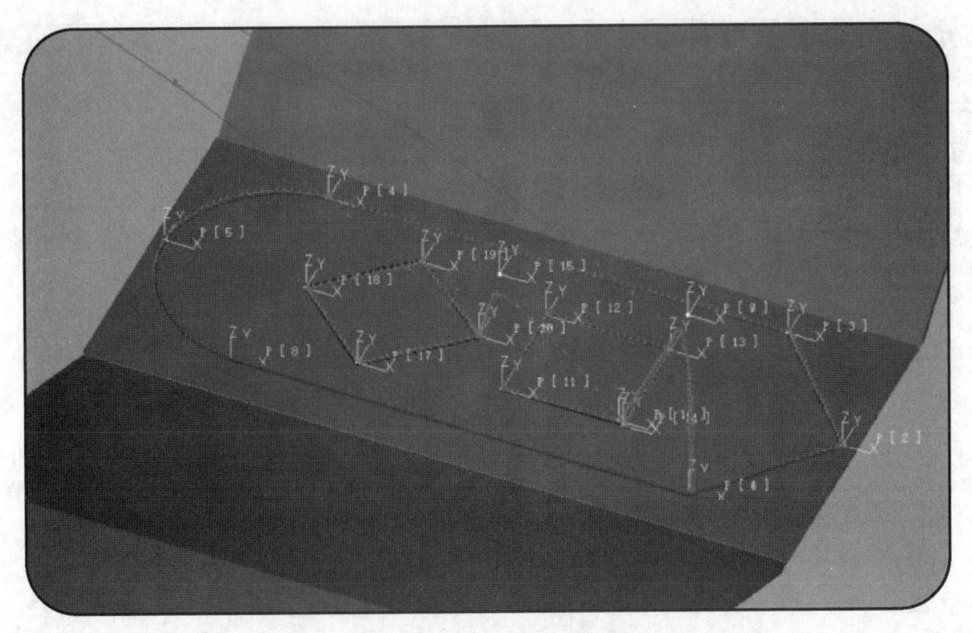

图4-35　机器人行走轨迹记录

4.4.2　运行分析程序

查看程序运行简况，选择测试运行【Test-Run】→分析【Profiler】选项，如图4-36所示。

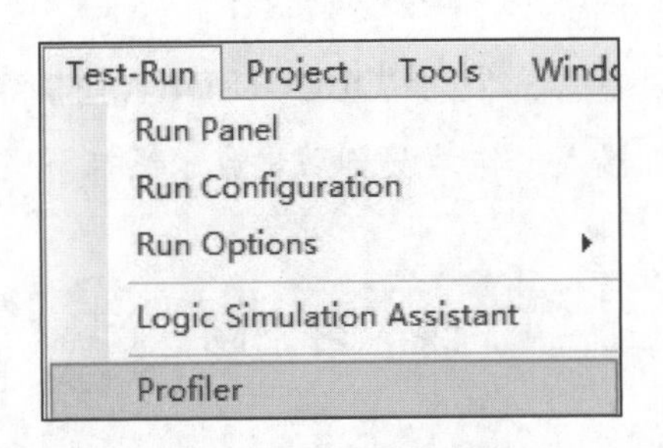

图4-36　查看程序运行简况

通过图4-37、图4-38所示界面，可查询程序运行时间和每条指令的执行时间。

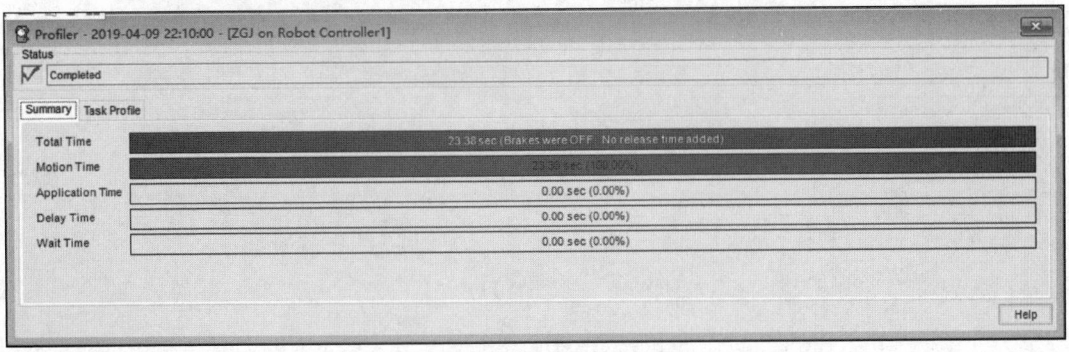

Profiler - 2019-04-09 22:10:00 - [ZGJ on Robot Controller1]
Status
Completed
Summary　Task Profile
Total Time　23.38 sec (Brakes were OFF. No release time added)
Motion Time　23.38 sec (100.00%)
Application Time　0.00 sec (0.00%)
Delay Time　0.00 sec (0.00%)
Wait Time　0.00 sec (0.00%)
Help

图4-37　查询程序运行时间

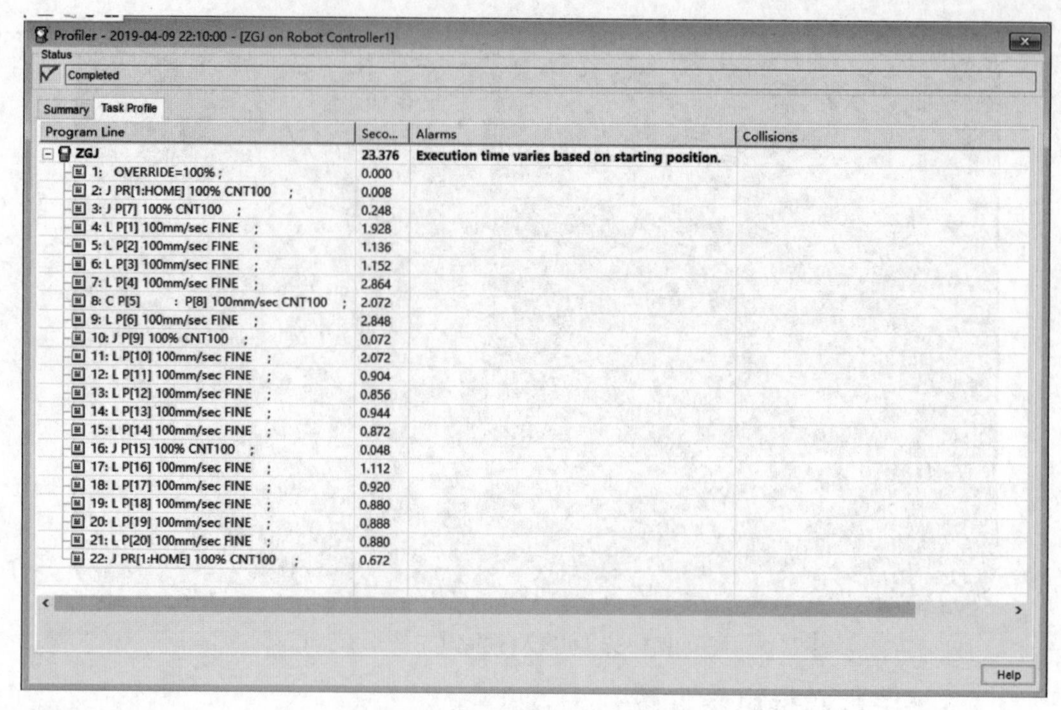

图4-38 查询每条指令的执行时间

小 结

读者通过本章学习，可以掌握使用ROBOGUIDE软件搭建机器人仿真工作站的基本流程和方法，为创建复杂机器人工作站及自动化流水线打下坚实的基础。

练 习 题

实践题

在ROBOGUIDE软件中创建机器人连续轨迹仿真路线，并将仿真程序在实际工作站中进行验证。六轴工业机器人型号为FANUC-M-10iA，轨迹线路图及周边设备可自建。

CHAPTER

第5章 项目实战——工业机器人数控加工单元仿真

前面系统地介绍了ROBOGUIDE软件功能模块的参数设置、功能作用以及仿真环境搭建流程，本章将在此基础上，以典型的工业机器人数控加工单元仿真为例，详细介绍工业机器人仿真工作站的创建方法。

5.1 项目概述

现有条件：工业机器人数控加工单元由1台FANUC-M-20iA六轴工业机器人、1台数控车床及清洗装置、输送线、机器人夹具及其他周边设备等组成，其主要功能是完成工件从毛坯到成品的车削加工。

具体加工流程：工装板装满加工零部件毛坯后，系统给输送线发送启动信号，工装板开始运动，工装板到达并精准定位后，系统给机器人发出信号，机器人启动上料抓取程序，将上料运送至机床卡盘后，回到HOME位置。系统发出信号后，机床开始车削加工，加工完成后，机器人启动下料程序，取走加工后的产品，将其摆放至成品工装板上，再重复上料动作。

要求：搭建工业机器人数控加工单元仿真工作站并进行编程仿真，实现工业机器人数控加工单元的循环动作。

5.2 搭建工业机器人数控加工单元仿真工作站

搭建工业机器人数控加工单元仿真工作站，首先在新建工作单元中选择FANUC-M-20iA六轴工业机器人，选择物料搬运模块功能，然后在此基础上，进行数控加工所需的外部模型的添加与设置，主要包括机械、障碍物、输送线工装板、工装板上工件、数控车床旋转轴、手爪工具的添加与设置，最后完成数控加工单元仿真工作站的基本要素构建。

5.2.1 新建工作单元

新建工作单元操作流程详见本书1.2.2小节内容。选择仿真所用FANUC-M-20iA六轴工业机器人，无须选择变位机；设置系统语言环境时，选择中文，在ROBOGUIDE软件中勾选搬运模块【Handling Tool（552）】选项，完成整体参数设置后，选择汇总【Summary】选项，显示设置目录。确认无误后，单击完成【Finish】按钮；如果需要修改，可以单击返回【Back】按钮，退回到之前的步骤，修改设置参数，确认后单击完成【Finish】按钮，完成工作环境的建立，进入工作环境。

5.2.2 外部模型的添加

1. 机械、障碍物的添加

围栏、控制柜、一体PC等模型可由专业的Solidworks、UG等第三方三维绘图软件绘制，再将绘制好的模型转存为IGS格式文件，存储在指定的文件夹中，如图5-1所示，然后作为一个整体的障碍物【Obstacles】导入ROBOGUIDE软件。导入清洗装置、卡盘、数控车床作为机械【Mechines】模型，导入模型后的仿真环境外观图如图5-2所示。

图5-1 指定的文件夹

2. 输送线工装板的添加

（1）单击机械1【Machine1】选项，选择添加链接【Add Link】→CAD文件【CAD File】选项，Link1.传送带参数设置如图5-3所示。

（2）在图5-3所示界面中，单击动作【Motion】选项卡，在其中设置仿真信号参数，如图5-4所示。

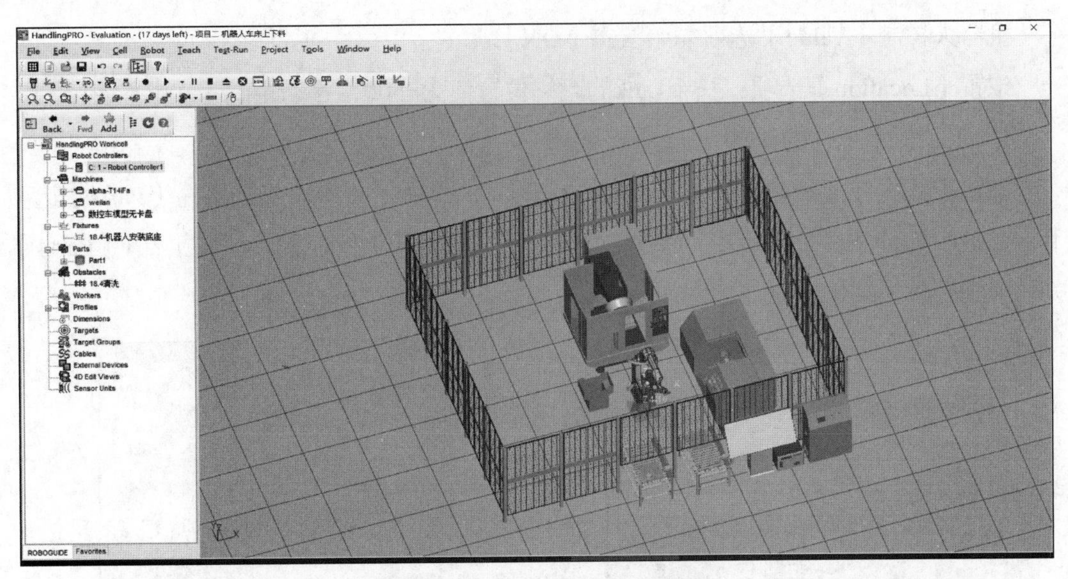

图5-2 导入模型后的仿真环境外观图

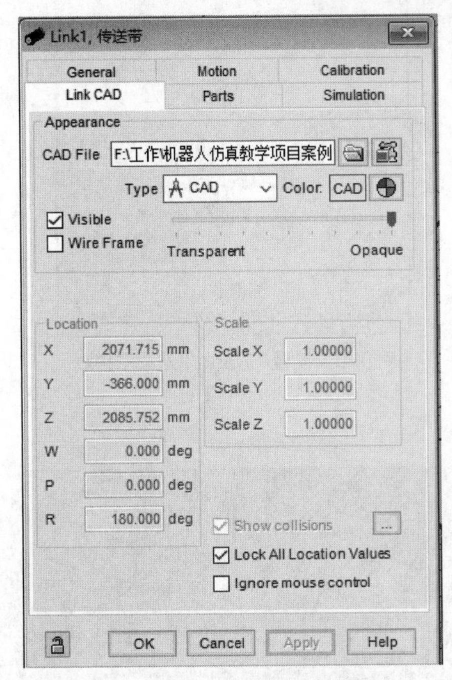

图5-3 Link1.传送带参数设置

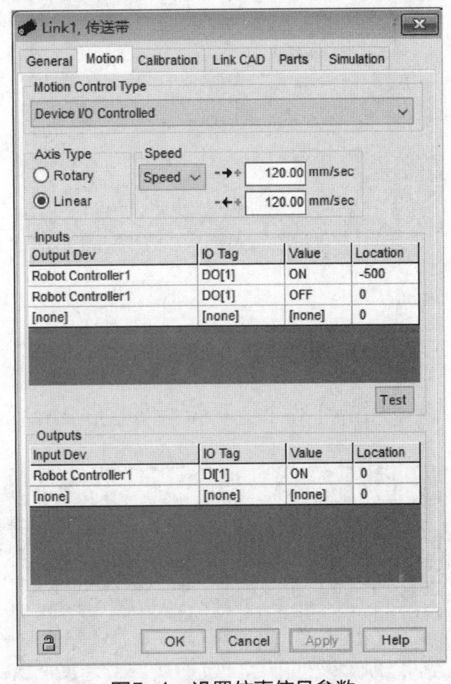

图5-4 设置仿真信号参数

动作控制类型【Motion Control Type】选项：设置为采取I/O控制【Device I/O Controlled】。

轴类型【Axis Type】选项：设置为直线运动【Linear】。

速度【Speed】选项：设置运动速度为120mm/sec。

输出信号对象【Output Dev】选项：设置对象为机器人。

工装板启停信号【IO Tag】选项：自定义为【DO[1]】。

机器人控制【Value】选项初始状态【ON】。

位置【Location】选项：基于Link的起始位置值为-500，移动距离为500。

3. 工装板上工件的添加

设置工件尺寸等参数，如图5-5所示。在图5-4所示界面中，单击工件【Parts】选项卡，在其中勾选工件1【Part1】选项，单击应用【Apply】按钮确认，将工件1【Part1】关联至工装板，具体设置如图5-6所示。

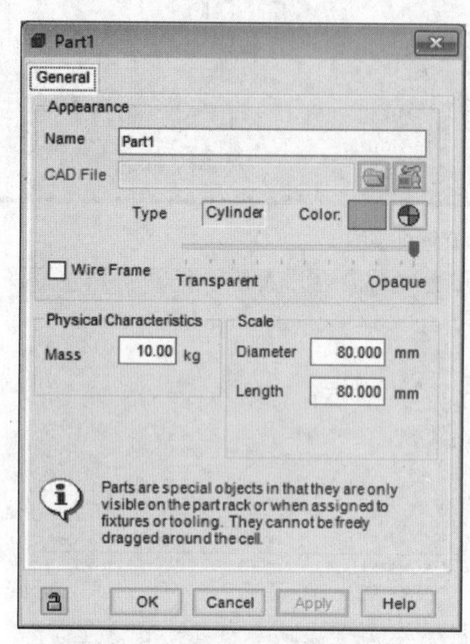

图5-5 设置工件尺寸等参数

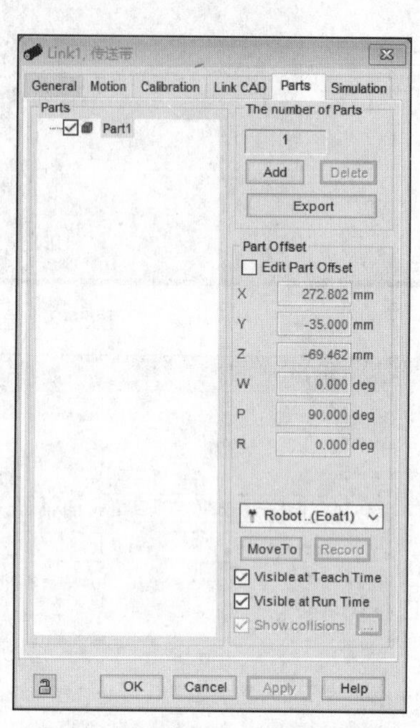

图5-6 设置【Parts】选项卡参数

设置后的工件1及工装板如图5-7所示。

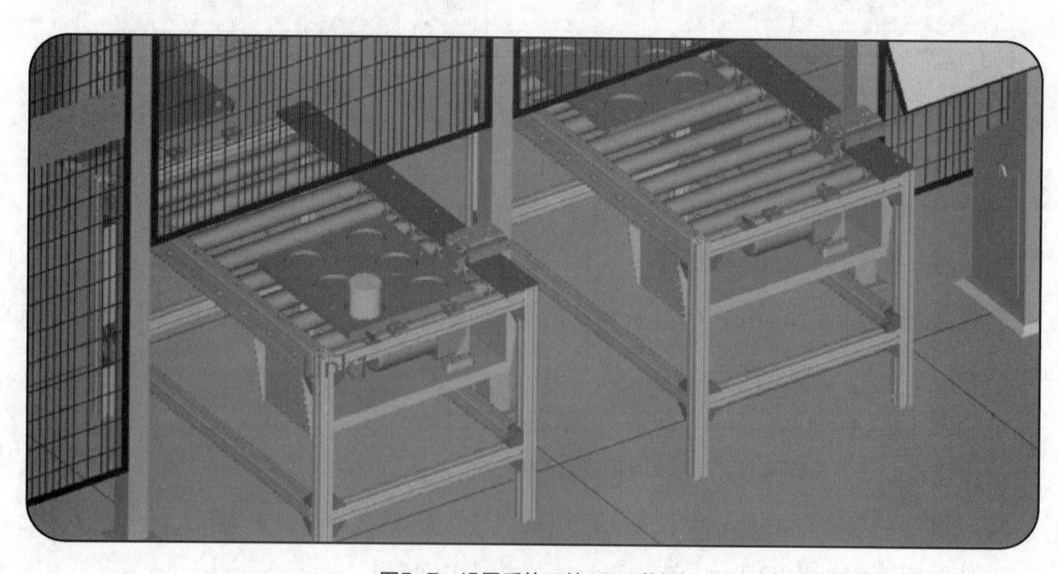

图5-7 设置后的工件1及工装板

4. 数控车床旋转轴的添加

车床的主轴是可以旋转的，因此，可以将车床以机械【Machines】的方式导入，将主轴以链接的方式添加到机床上，具体步骤如下。

（1）打开导航目录【Cell Browser】，右击机械【Machines】→【数控车模型无卡盘】选项，选择添加链接【Add Link】→CAD文件【CAD File】选项，如图5-8所示，设置数控机床主轴参数如图5-9所示。

设置后的机床主轴如图5-10所示。

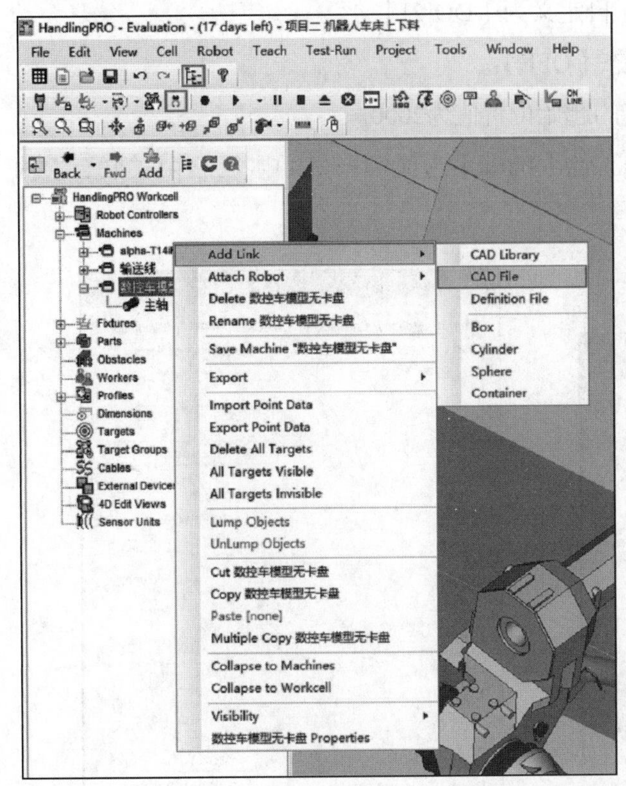

图5-8　添加数控车模型无卡盘

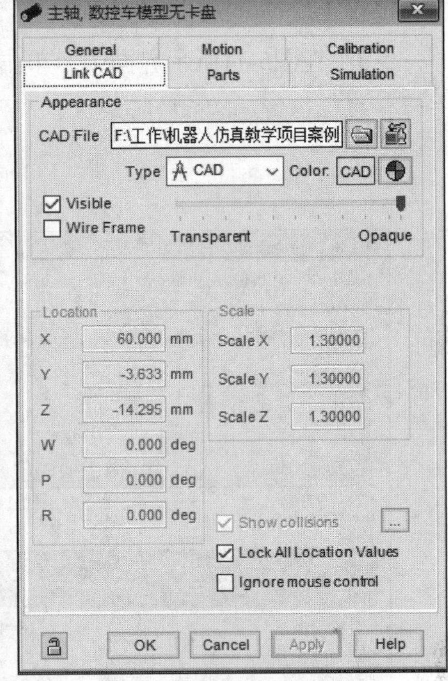

图5-9　设置数控机床主轴参数

图5-10　设置后的机床主轴

（2）在图5-9所示的界面中，单击动作【Motion】选项卡，在其中设置仿真信号参数，如图5-11所示。

动作控制类型【Motion Control Type】选项：设置为采取I/O控制【Device I/O Controlled】。

轴类型【Axis Type】选项：设置为旋转【Rotary】。

速度【Speed】选项：设置运动速度为时间【Time】控制，时间为66.667sec。

输出信号对象【Output Dev】选项：设置对象为机器人。

工装板启停信号【IO Tag】选项：自定义为【DO[2]】。

机器人控制【Value】选项初始状态【OFF】。

位置【Location】选项：基于链接的起始位置值为2000。

（3）在图5-11所示界面中，单击工件【Parts】选项卡，在其中将工件1关联至主轴卡盘，具体设置如图5-12所示。

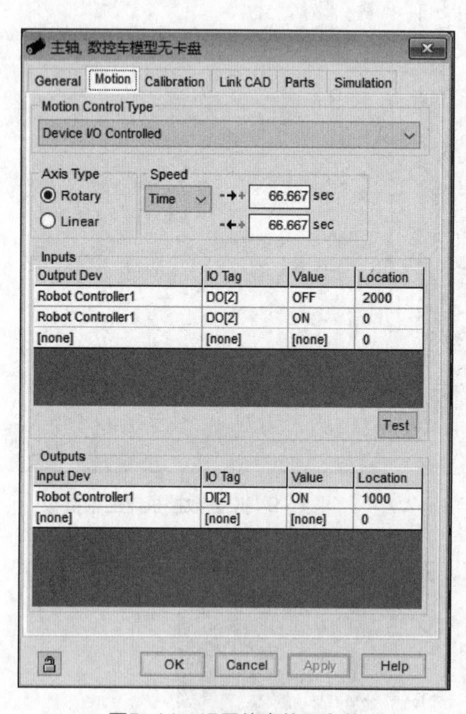

图5-11　设置仿真信号参数

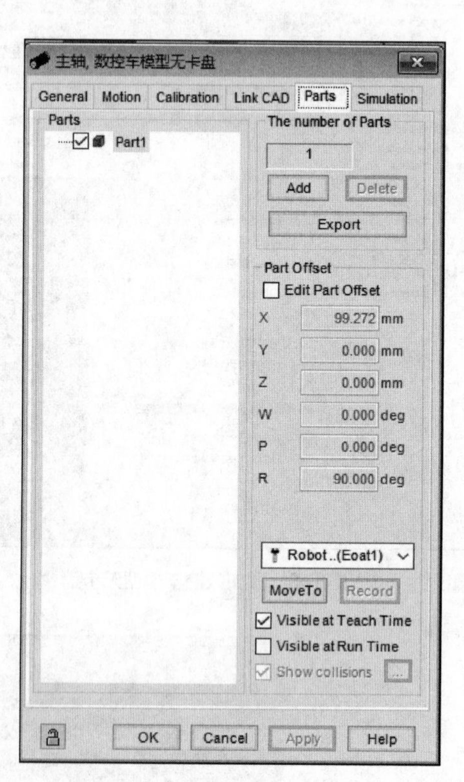

图5-12　设置工件关联卡盘

5. 手爪工具的添加

机器人的夹具选用的是ROBOGUIDE软件自带的模型库中的手爪。需要注意的是手爪的尺寸比例应做一下修改，如图5-13所示。

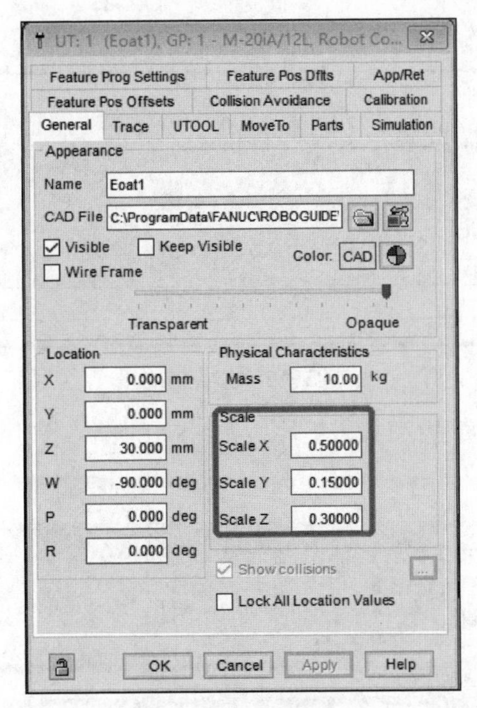

图5-13　手爪参数修改

5.3　仿真与动作程序的创建

建立好工业机器人数控加工单元仿真工作站仿真环境之后，即可创建仿真程序，同时结合加工流程要求，创建动作程序，最终实现数控加工单元仿真。

5.3.1　创建仿真程序

（1）打开软件，选择示教【Teach】→添加仿真程序【Add Simulation Program】选项，如图5-14所示。

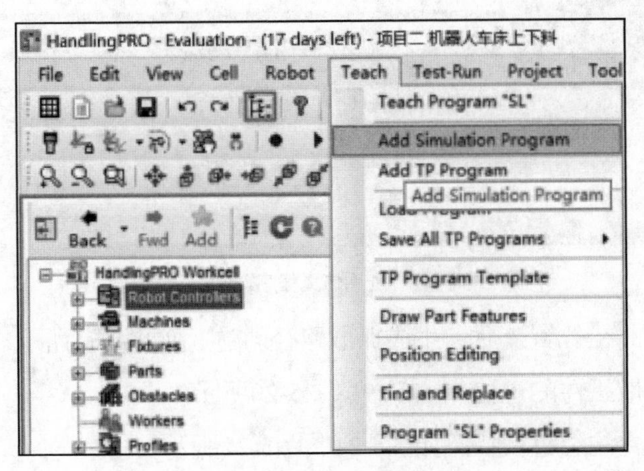

图5-14　编程界面及属性界面

（2）输入程序名，如图5-15所示。

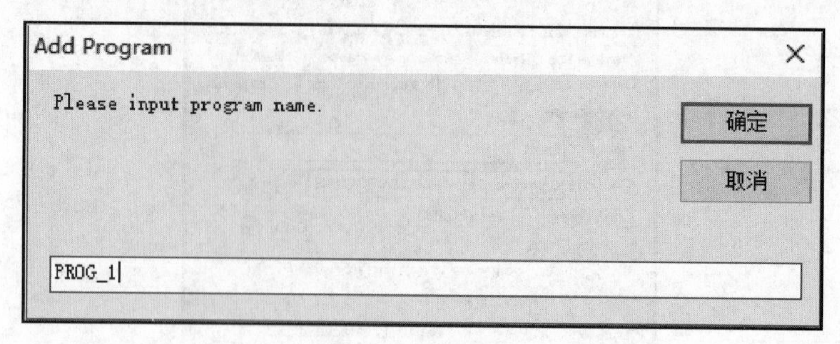

图5-15 输入程序名

（3）编程。利用仿真程序1抓取工件，如图5-16所示，利用仿真程序2放置工件，如图5-17所示。

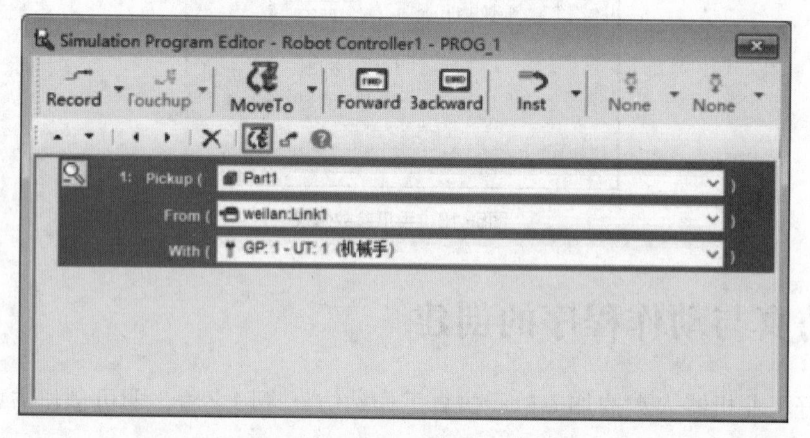

图5-16 利用仿真程序1抓取工件

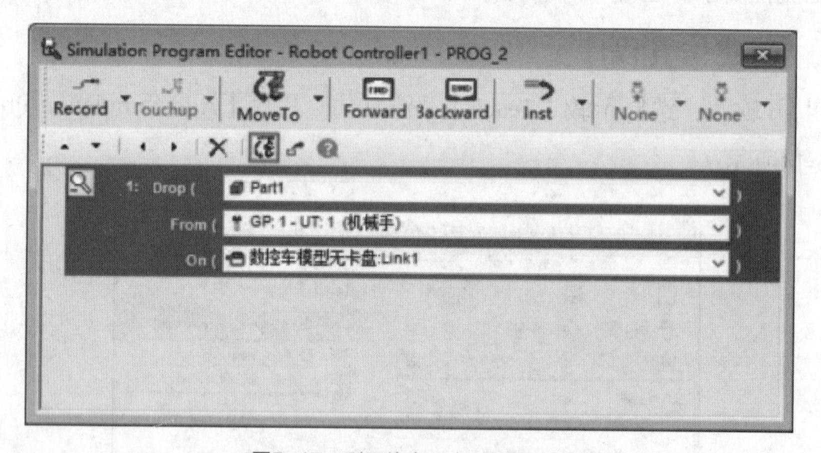

图5-17 利用仿真程序2放置工件

完成选择示教路径位置点后，生成抓取路径轨迹，如图5-18所示。

机器人手爪抓取工件的过程如图5-19、图5-20所示。

机器人放置工件的位置及状态如图5-21、图5-22所示。

图5-18　抓取运动轨迹

图5-19　接近抓取位置

图5-20　抓取工件时状态

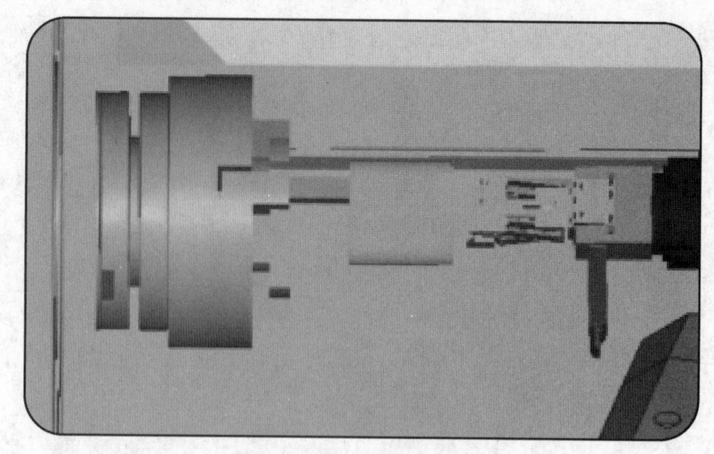

图5-21　工件放置位置

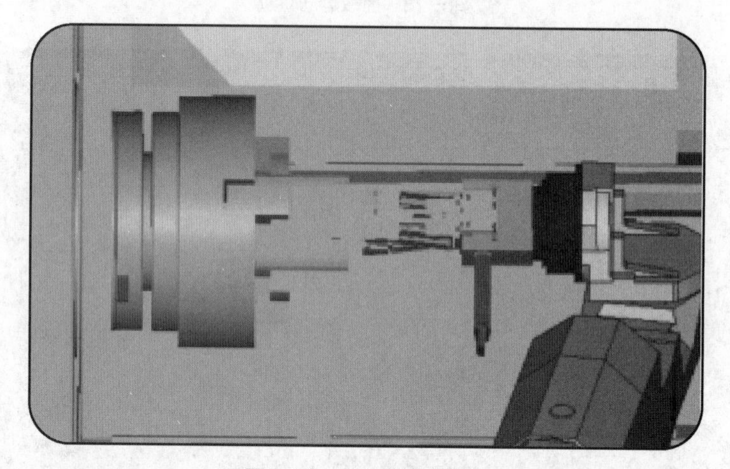

图5-22　工件放置时状态

5.3.2　创建动作程序

虚拟示教器仿真动作程序的编写与真实机器示教器程序的编写方式没有差异，但离线程序可以更好地模拟工业机器人的状态。

（1）打开软件，单击按钮，打开虚拟示教器。图5-23所示为虚拟示教器（TP）界面。

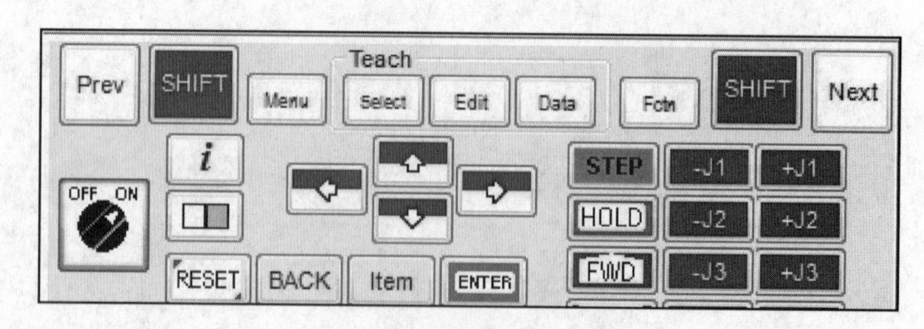

图5-23　虚拟示教器界面

（2）单击程序一览【Select】按钮，进入显示程序目录画面。

（3）选择新建【CREATE】选项，使用功能键【F1】~【F5】输入程序名，如图5-24所示。

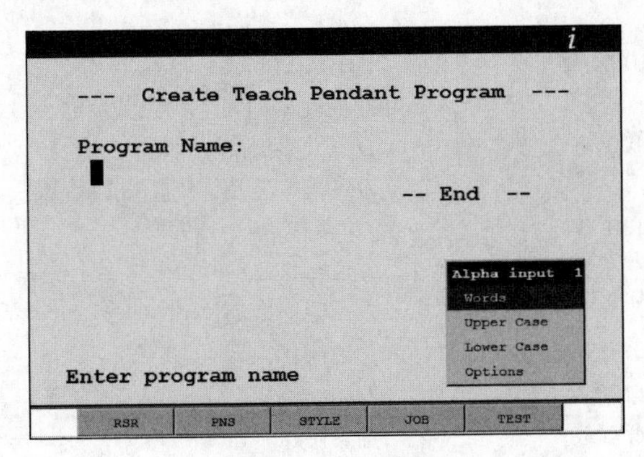

图5-24　输入程序名

（4）程序名输入完毕后，选择编辑【Edit】选项，进入程序编辑界面，如图5-25所示。

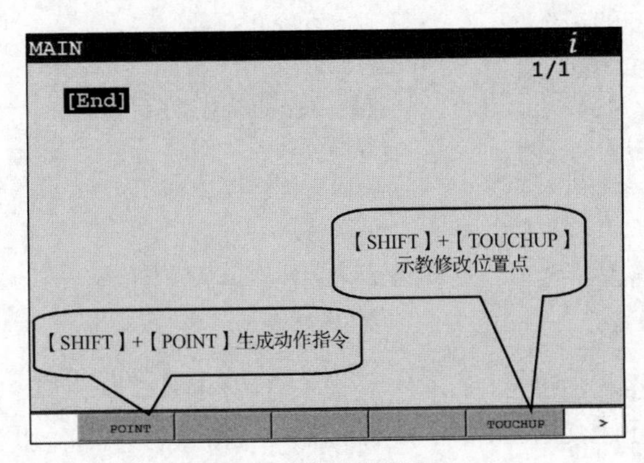

图5-25　程序编辑界面

（5）编写动作程序，如图5-26所示。

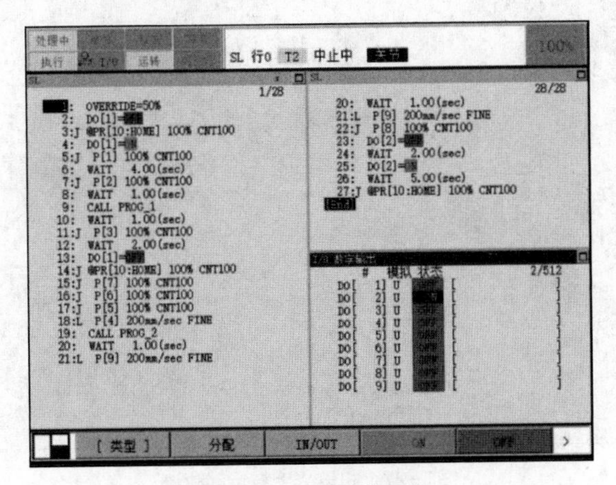

图5-26　编写动作程序

动作程序及注释如下。

```
1:OVERRIDE=50%                          //机器人运行限速50%
2:DO[1]=OFF                             //上料工装板运行到起始位置信号
3:J PR[10:HOME] 100% FINE               //HOME位置
4:DO[1]=ON                              //工装板到达上料位置信号
5:J P[1] 100% CNT100                    //抓取接近点
6:WAIT 4.00(sec)                        //等待4s工装板到达上料位置
7:J P[2] 100% CNT100                    //抓取点
8:WAIT 1.00(sec)                        //等待1s
9:    CALL PGOG_1                       //呼叫抓取程序
10:WAIT 1.00(sec)                       //等待1s
11:J P[3] 100% CNT100                   //运动路径起始点
12:WAIT    2.00(sec)                    //等待2s
13:DO[1]=OFF                            //上料工装板运行到起始位置信号
14:J PR[10:HOME] 100% CNT100            //运动路径中点
15:J P[4] 100% CNT100                   //运动路径结束点
16:J P[5] 100% CNT100                   //姿态矫正点
17:J P[6] 100% CNT100                   //放置接近点
18:L P[7] 100mm/sec FINE                //放置点
19:CALL PGOG_2                          //呼叫放置程序
20:WAIT    1.00(sec)                    //等待1s
21:L P[8] 100mm/sec FINE                //放置接近点
22:J P[9] 100% FINE                     //等待加工
23:DO[2]=OFF                            //主轴回到起始位置
24:WAIT        2.00(sec)                //等待2s
25:DO[2]=ON                             //主轴运行
26:WAIT        5.00(sec)                //等待5s
27:J PR[10:HOME] 100% CNT100            //机器人回到HOME位置等待加工完成
```

（6）机器人上料运动轨迹如图5-27所示。

图5-27　机器人上料运动轨迹

（7）查看程序运行简况。选择测试运行【Test-Run】→分析【Profiler】选项，查看程序运行简况、程序运行时间和每条指令的执行时间，如图5-28、图5-29所示。

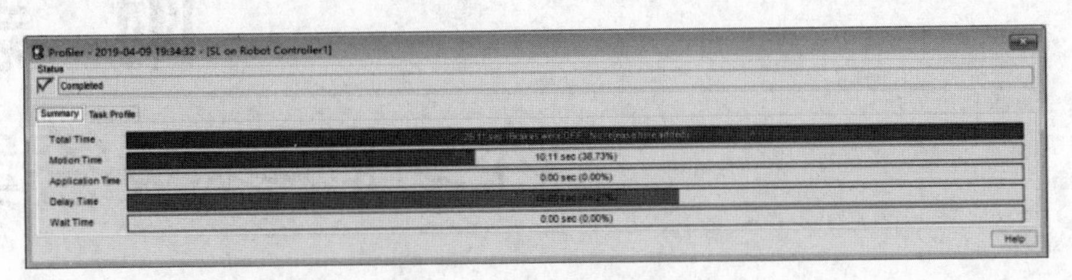

图5-28　查看程序运行简况

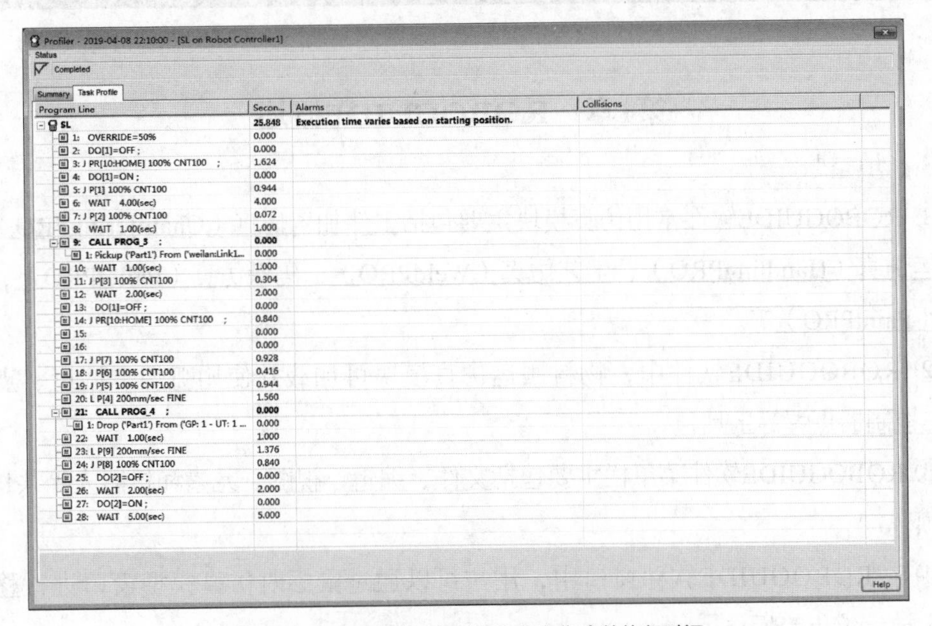

图5-29　查看程序运行时间和每条指令的执行时间

小　结

读者通过本章的学习，可以掌握使用ROBOGUIDE进行工作单元的新建、外部模型的添加、仿真与动作程序的创建等复杂工业机器人数控加工单元仿真工作站基本流程，为创建机器人自动化流水线仿真打下坚实的基础。

练　习　题

实践题

在ROBOGUIDE软件中创建工业机器人数控加工单元仿真工作站，并将仿真程序在实际工作站中进行验证。六轴工业机器人型号为FANUC-M-10-iA，数控加工设备、流水线、零部件等自选。

APPENDICE

附 录
练习题参考答案

第1章 ROBOGUIDE概述

一、填空题

① ROBOGUIDE软件常用仿真模块主要包括工件加工仿真（ChamferingPRO）、物料搬运仿真（HandlingPRO）、工艺仿真（WeldPRO）、码垛仿真（PalletPRO）、喷涂仿真（PaintPRO）等。

② ROBOGUIDE软件中，物料搬运仿真模块可加载并使用弧焊、搬运、点焊、MATE控制器点焊等工具包。

③ ROBOGUIDE软件菜单栏主要包括文件、编辑、视图、元素和机器人等共11个菜单选项。

④ 在ROBOGUIDE软件窗口中，用户可以通过鼠标对仿真模型窗口进行移动、旋转、放大缩小等操作。

⑤ 对于ROBOGUIDE软件中的TP，用户不仅可以用鼠标单击按钮来操作，还可以使用键盘操作，TP上的一些按钮与键盘上的某个按键对应。

二、简答题

① 为了使用户方便、快捷地创建并优化机器人程序，ROBOGUIDE还提供哪些其他功能模块?

（提示）编辑模块可把真实3D机器人模型导入示教器中，实现把3D模型和1D内部信息结合形成4D图像显示的功能；运动优化模块可以对TP程序进行优化，包括对节拍（节拍优化要求在电机可接受的负荷范围内进行）和路径（路径优化需要设定一个允许偏离的距离）进行优化，使机器人的运动路径在设定的偏离范围内接近示教点；拾取模块可以通过简单设置后创建Workcell自动生成布局，并以3D视图的形式显示单台或多台机器人抓放工件的过程，自动地生成高速视觉拾取程序，进行高速视觉跟踪仿真。

② 为了提高ROBOGUIDE软件运行速度，在软件仿真运算时一般会采取哪些设置方法？

（提示）ROBOGUIDE软件仿真运算时进行适当设置，可以提高ROBOGUIDE运行速度：程序运行时尽量取消勾选碰撞检测【Collision Detection】选项，这样可以大大节约CPU资源和内存；导入大型IGS格式的模型文件时，尽量先在三维软件中做些处理，来减小文件，也可以略去一些对仿真没有影响的部件；进行仿真时尽量关掉不需要的窗口，如关掉程序示教【Program Teach】和程序分析【Profiler】窗口，能略微提高性能；关掉TCP动作路径【Collect TCP Trace】可以减小CPU的占用率；选择工具【Tools】→选项【Options】→常规【General】选项，将物体质量【Object Quality】的滑条向右侧【Performance】侧移动更远的距离，这会使对象显得粗糙，但可以带来性能的提升。

三、实践题

安装ROBOGUIDE软件时，选择物料搬运仿真模块【HandlingPRO】并新建工作单元。

（提示）参考1.1节和1.2节。

第2章 ROBOGUIDE仿真工作站创建

一、填空题

① ROBOGUIDE软件通过绘制或导入<u>工具</u>、<u>工装</u>、<u>机械</u>等模型并进行参数设置，构建虚拟仿真的工作场景，从而模拟真实机器人的工作环境。

② ROBOGUIDE软件中，<u>机器人</u>、<u>工具</u>、<u>工装台</u>和<u>工件</u>是构成工业机器人工作站不可或缺的要素。

③ ROBOGUIDE工程文件中的仿真工作站架构主要包括<u>机器人控制模块（ROBOT）</u>、<u>工具模块（EOATs）</u>、<u>工装模块（Fixtures）</u>、<u>机械模块（Machines）</u>、<u>障碍物模块（Obstacles）</u>、<u>工件模块（Parts）</u>和<u>其他模块（others）</u>等，每个模块具有不同的功能。

④ ROBOGUIDE软件中，机械模块指的是外部机械装置。机械模块显著的特点就是同机器人模型一样，可实现<u>自主运动</u>。

⑤ 工件模型是模拟仿真的重要组成部分，在模拟仿真过程中可被设置为加工对象，除了能用于加工和搬运并模拟真实效果外，最重要的是它具有<u>模型-程序</u>转化功能。

二、简答题

① 简述EOATs、Fixtures、Machines、Obstacles、Parts在ROBOGUIDE软件仿真过程中的功能作用。

（提示）EOATs是工具模块，它位于Tooling路径上，是机器人末端执行器，常见的工具模块下的模型包括焊枪、焊钳、手爪、喷涂枪、伺服机器手等。

Fixtures是工装模块，用于充当工件的载体，为工件自动加工过程中的周转、搬运等仿真功能的实现提供平台。

Machines（机械模块）指的是外部机械装置。机械模块显著的特点就是同机器人模型一样，可实现自主运动，为工件实现自动加工、搬运等仿真实现提供运动平台。

Obstacles（障碍物模块）不是搭建仿真工作站中必须创建的一种辅助模块，此类模块一般用于充当外围设备和装饰，包括焊接设备、电子设备、围栏等。

Parts（工件模块）除演示仿真动画功能以外，最重要作用是具有“模型—程序”转化功能。ROBOGUIDE能够获取Parts数模信息，将其转化成程序轨迹的信息，用于快速编程和复杂轨迹编程。

② 简述机器人末端工具TCP的设置方法。

（提示）一是使用鼠标直接拖动画面中绿色工具坐标系，将其调整至合适位置，选择使用当前位置【Use Current Triad Location】选项，软件会自动算出TCP的X、Y、Z、W、P、R值，单击【Apply】按钮确认；二是直接输入工具坐标系偏移数据，单击【Apply】按钮确认。

三、实践题

利用ROBOGUIDE软件搭建抓取和摆放的机器人工作站。六轴工业机器人型号：FANUC-M-20iA，负载20kg，工装台自选。

（提示）参考本书2.3节。

第3章　ROBOGUIDE特殊功能设置

一、填空题

① 在实际生产中，工业机器人一般还需要配备贴合自身性能特点的外围设备，如机器人移动的行走轴、转动工件的回转台、移动工件的移动台等。

② 外围设备的运动和位置控制都需要基座轴和工装轴与工业机器人相配合，并具备符合相应要求的精度。

③ Simulator功能是通过仿真软件ROBOGUIDE监控机器人控制器/机器人。

④ Calibration功能是可以通过ROBOGUIDE软件计算实际与仿真的偏移量，进而自动对程序进行位置修改。

⑤ 伺服焊枪通过使用伺服电机配合减速齿轮（匹配电机转速/负载）驱动焊枪机械臂运动完成焊接动作。

二、实践题

① 在ROBOGUIDE软件中通过自带模型库添加行走轴。

（提示）参考本书3.1节。

② 在ROBOGUIDE软件中通过自带模型库添加伺服焊枪。

（提示）参考本书3.4节。

第4章 项目实战——连续轨迹路径示教器编程仿真

实践题

在ROBOGUIDE软件中创建机器人连续轨迹仿真路线，并将仿真程序在实际工作站中进行验证。六轴工业机器人型号为FANUC-M10-iA，轨迹线路图及周边设备可自建。

（提示）参考本书第4章。

第5章 项目实战——工业机器人数控加工单元仿真

实践题

在ROBOGUIDE软件中创建工业机器人数控加工单元仿真工作站，并将仿真程序在实际工作站中进行验证。六轴工业机器人型号为FANUC-M10-iA，数控加工设备、流水线、零部件等自选。

（提示）参考本书第5章。

参考文献

[1] 李瑞峰．工业机器人技术[M]．北京：清华大学出版社，2019.
[2] 左立浩．工业机器人虚拟仿真教程[M]．北京：机械工业出版社，2018.
[3] 徐忠想．工业机器人应用技术入门[M]．北京：机械工业出版社，2017.
[4] 兰虎．工业机器人技术及应用[M]．北京：机械工业出版社，2014.
[5] 张明文．工业机器人离线编程[M]．武汉：华中科技大学出版社，2017.
[6] 蒋庆斌．工业机器人现场编程[M]．北京：机械工业出版社，2014.
[7] 汪励．工业机器人工作站系统集成[M]．北京：机械工业出版社，2014.
[8] 张明文．工业机器人技术基础及应用[M]．哈尔滨：哈尔滨工业大学出版社，2017.
[9] 张淼．FANUC工业机器人基础操作与编程[M]．北京：电子工业出版社，2019.